멘사 아이큐 테스트

Mensa Boost Your IQ

By Harold Gale and Carolyn Skitt

Text and Puzzle content copyright © British Mensa Ltd. 1993, 2006
Design and Artwork copyright © Carlton Books Ltd. 1993, 2006
All rights reserved
Korean Translation Copyright © 2007 BONUS Publishing Co.
Korean edition is published by arrangement with Carlton Books Ltd.
through Corea Literary Agency, Seoul

IQ 148을 위한

MENSA
멘사 아이큐 테스트
TEST

해럴드 게일·캐럴린 스키트 지음 | **지형범** 옮김
멘사코리아 감수

보누스

IQ를 정확히 알고 활용하자

이 책에는 나와 캐롤린 스키트가 공동으로 작업한 재미있는 IQ 테스트가 실려 있다. 처음에는 쉬운 문제로 출발하지만 갈수록 점차 어려워질 것이다. 문제를 푸는 속도와 사고의 정확성은 정신단련을 통해 꾸준히 나아지니 너무 걱정할 필요는 없다. 자, 이제 여러분의 정신을 단련할 기회가 왔다.

문제의 정답은 보기에서 하나를 고르면 된다. 문제는 가능한 한 빨리 풀어야 하며, 쉬운 문제부터 어려운 문제 순으로 도전하는 것이 좋다. 제한시간 안에 문제를 다 풀었으면 정답을 확인하자. 알아맞힌 정답의 개수를 가지고 해답의 표에서 여러분의 IQ를 확인할 수 있다.

IQ는 '지식'이 아닌 '지적 잠재력'을 측정하는 것이다. 그러므로 점수에 상관없이 자신의 IQ를 정확히 아는 것이 매우 중요하다. 지능 발달 속도에 맞는 학습 습관을 찾는다면 내 안에 숨겨진 잠재력을 제대로 계발할 수 있을 것이다.

해럴드 게일
전 영국멘사 이사

내 안에 잠든 천재성을 깨워라

영국에서 시작된 멘사는 1946년 롤랜드 베릴(Roland Berill)과 랜스 웨어 박사(Dr. Lance Ware)가 창립하였다. 멘사를 만들 당시에는 '머리 좋은 사람들'을 모아서 윤리·사회·교육 문제에 대한 깊이 있는 토의를 진행시켜 국가에 조언할 수 있는, 현재의 해리티지 재단이나 국가 전략 연구소 같은 '싱크 탱크'(Think Tank)로 발전시킬 계획을 가지고 있었다. 하지만 회원들의 관심사나 성격들이 너무나 다양하여 그런 무겁고 심각한 주제에 집중할 수 없었다.

그로부터 30년이 흘러 멘사는 규모가 커지고 발전하였지만, 멘사 전체를 아우를 수 있는 공통의 관심사는 오히려 퍼즐을 만들고 푸는 일이었다. 1976년 《리더스 다이제스트》라는 잡지가 멘사라는 흥미로운 집단을 발견하고 이들로부터 퍼즐을 제공받아 몇 개월간 연재하였다. 퍼즐 연재는 그 당시까지 2천~3천 명에 불과하던 회원 수를 전 세계적으로 10만 명 규모로 증폭시킨 계기가 되었다. 비밀에 싸여 있던 신비한 모임이 퍼즐을 좋아하는 사람이라면 누구나 참여할 수 있는 대중적인 집단으로 탈바꿈하게 된 것이다. 물론 퍼즐을 즐기는 것 외에 IQ 상위 2%라는 일정한 기준을 넘어야 멘사 입회가 허락되지만 말이다.

어떤 사람들은 "머리 좋다는 친구들이 기껏 퍼즐이나 풀며 놀고 있다"라고 빈정대기도 하지만, 퍼즐은 순수한 지적 유희로서 충분한 가치를 가지고 있다. 퍼즐은 숫자와 기호가 가진 논리적인 연관성을 찾아내는 일종의 암호 풀기 놀이다. 겉으로는 별로 상관없어 보이는 것들의 연관관계와, 그 속에 감추어진 의미를 찾아내는 지적인 보물찾기 놀이가 바로 퍼즐이다. 퍼즐은 아이들에게는 수리와 논리 훈련이 될 수 있고 청소년과 성인에게는 유쾌한 여가활동, 노년층에게는 치매를 방지하는 지적인 건강지킴이 역할을 할 것이다.

시중에는 이런 저런 멘사 퍼즐 책이 많이 나와 있다. 이런 책들의 용도는 스스로 자신에게 멘사다운 특성이 있는지 알아보는 데 있다. 우선은 책을 재미로 접근하기 바란다. 멘사 퍼즐은 아주 어렵거나 심각한 문제들이 아니다. 이런 퍼즐을 풀지 못한다고 해서 학습능력이 떨어진다거나 무능한 것은 더더욱 아니다. 이 책에 재미를 느낀다면 지금까지 자신 안에 잠재된 능력을 눈치채지 못했을 뿐, 개발하기에 따라 달라지는 무한한 잠재능력이 숨어 있는 사람일지도 모른다.

아무쪼록 여러분이 이 책을 즐길 수 있었으면 좋겠다. 또 숨겨져 있던 자신의 능력을 발견하는 계기가 된다면 더더욱 좋겠다.

지형범
전 멘사코리아 회장

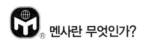 **멘사란 무엇인가?**

멘사란 '탁자'를 뜻하는 라틴어로, 지능지수 상위 2% 이내(IQ 148 이상)의 사람만 가입할 수 있는 천재들의 모임이다. 1946년 영국에서 창설되어 현재 100여 개국 이상에 13만여 명의 회원이 있다. 멘사코리아는 1998년에 문을 열었다. 멘사의 목적은 다음과 같다.

- 첫째, 인류의 이익을 위해 인간의 지능을 탐구하고 배양한다.
- 둘째, 지능의 본질과 특징, 활용처 연구에 힘쓴다.
- 셋째, 회원들에게 지적·사회적으로 자극이 될 만한 환경을 마련한다.

IQ 점수가 전체 인구의 상위 2%에 해당하는 사람은 누구든 멘사 회원이 될 수 있다. 우리가 찾고 있는 '50명 가운데 한 명'이 혹시 당신은 아닌지?

멘사 회원이 되면 다음과 같은 혜택을 누릴 수 있다.

- 국내외의 네트워크 활동과 친목 활동
- 예술에서 동물학에 이르는 각종 취미 모임
- 매달 발행되는 회원용 잡지와 해당 지역의 소식지
- 게임 경시대회, 친목 도모 등을 위한 지역 모임
- 주말마다 열리는 국내외 모임과 회의
- 지적 자극에 도움이 되는 각종 강의와 세미나
- 여행객을 위한 세계적인 네트워크인 'SIGHT' 이용 가능

멘사에 대한 좀 더 자세한 정보는 멘사코리아의 홈페이지를 참고하기 바란다.

- 홈페이지 : www.mensakorea.org

테스트

다음 그림에서 물음표 자리에 들어갈 도형은 어느 것일까요?

3	5	1	9
2	0	4	6
7	1	0	8
2	3	1	?

8	2	9
A	B	C

1	4	6
D	E	F

답: 204쪽

그림에 들어가 있는 문자들은 일정한 값을 가지고 있습니다. 당신의 추론 능력을 발휘해서 물음표 자리에 들어갈 숫자를 계산해보세요. 보기 중 어느 것일까요? 참고로, 표의 가로줄과 세로줄 끝에 있는 숫자는 각 줄의 기호가 갖고 있는 값을 모두 더한 값입니다.

Z	Z	Ψ	Ω	?
Ξ	Ξ	Ξ	Ξ	8
Ψ	Z	Ψ	Ω	16
Ψ	Z	Ψ	Ξ	13
13	11	14	14	

A **6**   B **12**   C **7**

D **15**   E **10**   F **9**

답: 204쪽

이상한 금고의 숫자판이 있습니다. 이 금고는 25개의 단추를 모두 한 번씩 눌러야 하는데, 마지막으로 정가운데 F 표시가 있는 단추를 눌러야 열립니다. 각 단추에 적힌 기호는 다음에 눌러야 할 단추의 이동 횟수와 위치를 표시합니다. 예를 들어, 한 단추에 1U(1up)라고 되어 있다면 이 단추를 누른 다음에는 그 단추에서 한 칸 위에 있는 단추를 누르라는 뜻입니다. L(left)은 왼쪽, R(right)은 오른쪽, D(down)는 아래쪽을 뜻합니다. 어느 단추를 처음에 눌러야 금고를 열 수 있을까요?

	A	B	C	D	E
1	3R	4D	2L	2L	2D
2	3R	3R	3D	2L	2D
3	1R	1D	F	3L	2L
4	2U	1L	3U	1U	2L
5	4R	1L	1R	1U	4U

A. 5행 D열   **B.** 3행 C열   **C.** 1행 A열

D. 4행 E열   **E.** 1행 B열   **F.** 2행 C열

답: 204쪽

등식이 성립하려면 빈자리에 어떤 연산 기호를 차례로 넣어야 할
까요? 보기 A~F는 연산 기호를 차례로 표시한 것입니다.

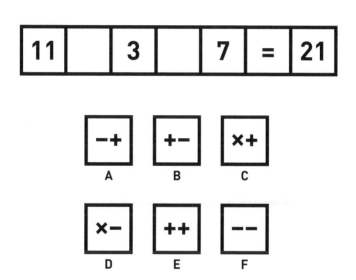

답: 204쪽

다음 그림에서 삼각형은 일정한 규칙에 따라 변합니다. 다음 차례
에 올 삼각형은 어느 것일까요?

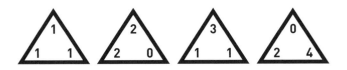

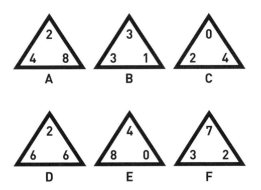

답: 205쪽

다음 표에서 숫자와 알파벳 글자 사이에는 일정한 규칙이 숨어 있습니다. 물음표에 들어갈 숫자는 어느 것일까요?

G	7
M	13
U	21
J	10
W	?

14
A

23
B

9
C

26
D

2
E

11
F

답: 205쪽

어느 주사위의 전개도입니다. 보기의 주사위들 중에는 이 전개도로 만들 수 없는 것이 있습니다. 보기 A~F 중 어느 것일까요?

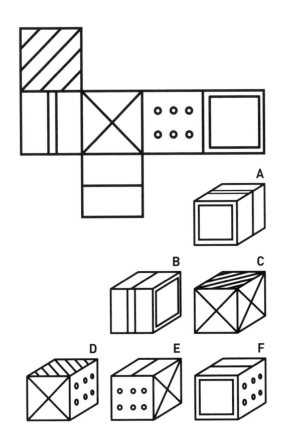

답: 205쪽

다음 그림에서 물음표 자리에 들어갈 숫자는 어느 것일까요?

3	4	1	2
5	2	2	1
1	1	1	7
1	2	6	?

3	5	1
A	B	C

6	2	4
D	E	F

답: 206쪽

아래 그림에서 다음에 올 시계는 어느 것일까요?

A   B   C

D   E   F

답: 205쪽

다음 그림에서 주어진 모양들을 이리저리 다시 맞추면 숫자 하나를 만들 수 있습니다. 어떤 숫자일까요?

A ②   B ⑤   C ⑦

D ⑥   E ④   F ⑨

답: 206쪽

맨 아래 왼쪽 동그라미에서 출발하여 맨 위 오른쪽 동그라미까지
이동할 수 있습니다. 이동은 서로 닿아 있는 동그라미로만 할 수
있습니다. 9개의 동그라미를 모아서 동그라미 안에 들어 있는 숫
자를 더해보세요. 숫자의 합 중 가장 큰 값은 어느 것일까요?

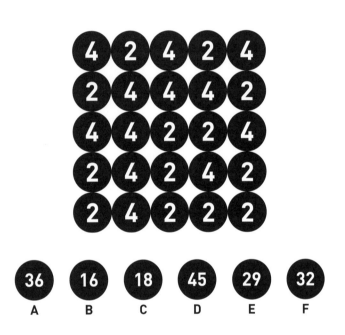

답: 206쪽

다음 그림에서 사각형에 배열된 숫자들은 일정한 규칙을 따르고 있습니다. 물음표 자리에 어떤 숫자 조각을 채워 넣어야 할까요?

3	2	3	3	
2	2	3	2	**?**
3	3	2	3	2
3	2	3	2	2
2	2	2	2	3

A
1
4

B
3
1

C
2
3

D
2
2

E
3
2

F
3
4

답: 206쪽

케이크를 완성하려면 물음표가 있는 곳에 어떤 조각을 채워 넣어야 될까요?

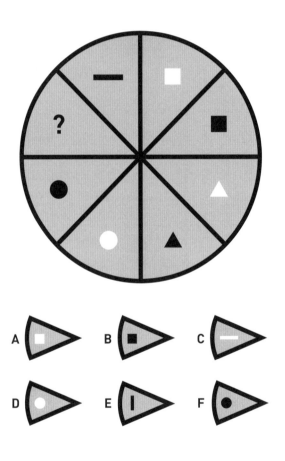

가로 직선, 세로 직선, 대각선으로 연결된 숫자 5개를 모두 더하면 20이 되도록 빈칸을 숫자로 채워야 합니다. 물음표 자리에 들어갈 숫자는 어느 것일까요?

5	2		2	5
1		?		1
5	8	4		3
	2	2	2	8
3	2	2	10	3

4	1	3
A	B	C

6	5	2
D	E	F

답: 206쪽

다음 그림의 네 귀퉁이에서 출발하여 네 개의 숫자를 선택해야 합니다. 출발점을 포함해 연결된 다섯 개의 숫자를 차례로 더합니다. 이렇게 더했을 때 합이 28이 되도록 하려면 물음표 자리에는 어떤 숫자가 들어가야 할까요?

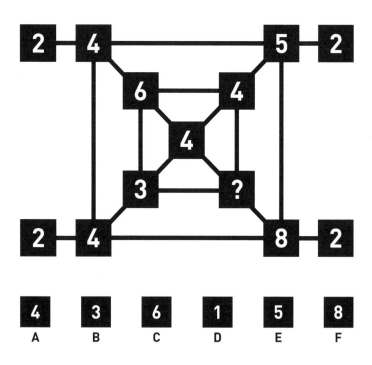

답: 207쪽   ★207쪽에서 여러분의 IQ를 확인해보기 바랍니다.

다음 그림에서 물음표 자리에 들어갈 도형은 어느 것일까요?

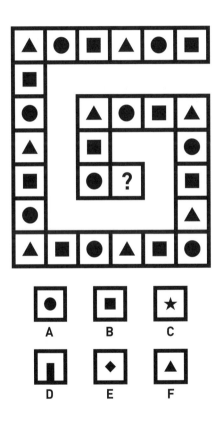

답: 208쪽

다음 양팔 저울의 양쪽에 물건들이 있습니다. 첫 번째와 두 번째 저울처럼 균형을 이루게 하려면 세 번째 저울의 오른쪽 물음표 자리에는 어느 것을 올려놓아야 할까요?

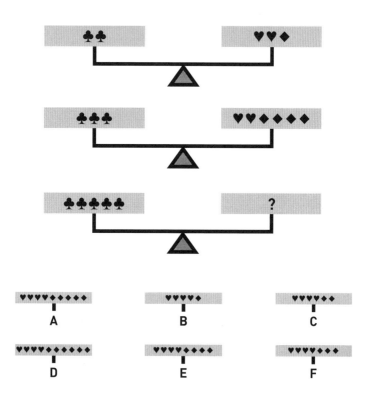

다음 다트 판에 다트를 던져서 불발되는 일은 없다고 합니다. 모두 세 개의 다트를 던져서 합산 점수가 25가 되는 방법은 몇 가지가 될까요? 단, 다트를 던지는 순서는 상관없습니다.

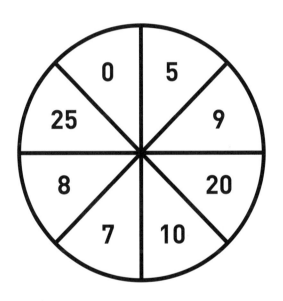

A. 1가지   **B.** 3가지   **C.** 10가지

D. 4가지   **E.** 8가지   **F.** 6가지

답: 208쪽

다음 16개의 상자에는 일정한 형태로 알파벳이 새겨져 있고, 열과 위치에 따른 이름이 있습니다. 예를 들어 제일 왼쪽 제일 위 상자의 번호는 A1이 됩니다. D1 상자와 짝을 이룰 수 있는 형태를 가진 상자는 어느 것일까요?

	A	B	C	D
1	A A 　B	A B C	D D 　D	D C 　A
2	B A 　D	A A 　A	C C 　D	B B 　B
3	B C C	B B 　A	C C C	A B 　D
4	C D D	A C 　D	D C B	B B 　C

A3

A

B2

B

D4

C

C2

D

B4

E

A1

F

답: 208쪽

다음 그림에서 물음표 자리에 들어갈 숫자는 어느 것일까요?

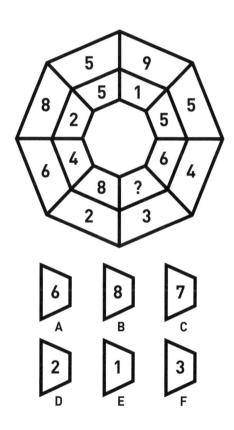

답: 208쪽

다음 그림에서 물음표 자리에 들어갈 숫자는 어느 것일까요?

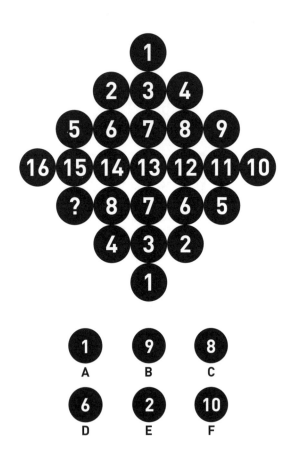

답: 209쪽

다음 그림에서 1에서 5까지의 숫자를 빈칸에 모두 채워 넣되, 가로, 세로, 대각선으로 같은 숫자를 넣으면 안 됩니다. 각 줄에는 숫자가 하나씩만 들어갈 수 있습니다. 물음표 자리에 들어갈 숫자는 어느 것일까요?

1	2	3	4	5
4	5	1	2	3
?				

1	5	2
A	**B**	**C**

3	4
D	**E**

답: 209쪽

다음 그림에서 물음표 자리에 들어갈 숫자는 어느 것일까요?

6	3	1	4	9
5	1	0	2	8
1	2	1	2	?

3	4	6
A	**B**	**C**

1	8	2
D	**E**	**F**

답: 209쪽

정가운데 있는 1에서 출발하여 선을 따라 연결된 자리들의 숫자를 더합니다. 출발한 자리부터 시작하여 네 개의 숫자를 더했을 때 11이 되게 할 수 있는 방법은 몇 가지일까요? 단, 같은 숫자라도 순서가 다르면 다른 방법으로 인정합니다.

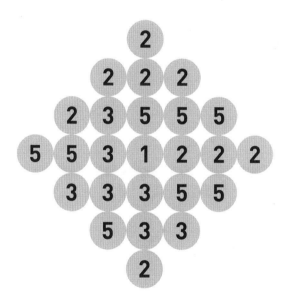

A. 2가지   **B.** 3가지   **C.** 6가지

D. 4가지   **E.** 5가지   **F.** 7가지

답: 209쪽

이상한 금고의 숫자판이 있습니다. 이 금고는 17개의 단추를 모두 한 번씩 눌러야 하는데, 마지막으로 정가운데 F 표시가 있는 단추를 눌러야 열립니다. 각 단추에 적힌 기호는 다음에 눌러야 할 단추의 이동 횟수와 위치를 표시합니다. 예를 들어, 한 단추에 1c(1clockwise)라고 되어 있다면 이 단추를 누른 다음에는 그 단추에서 시계 방향으로 한 칸 이동한 위치에 있는 단추를 누르라는 뜻입니다. a(anti-clockwise)는 시계 반대 방향, i(into)는 안쪽으로, o(out)는 바깥쪽으로라는 뜻이 됩니다. 어느 단추를 처음에 눌러야 금고를 열 수 있을까요?

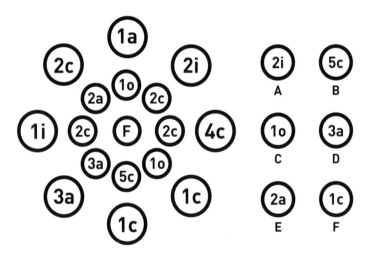

답: 210쪽

물음표 자리에 들어갈 숫자는 무엇일까요?

6	3	1	8
5	4	2	7
0	9	4	5
7	2	8	?

6	3	2
A	B	C

4	1	5
D	E	F

답: 210쪽

다음 그림에서 삼각형은 일정한 규칙에 따라 변합니다. 다음 차례
에 올 삼각형은 어느 것일까요?

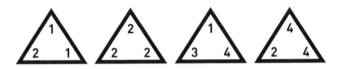

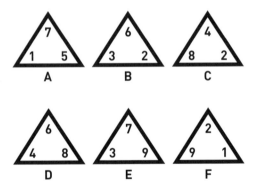

답: 210쪽

등식이 성립하려면 빈자리에 어떤 연산 기호를 차례로 넣어야 할까요? 보기 A~F는 연산 기호를 차례로 표시한 것입니다.

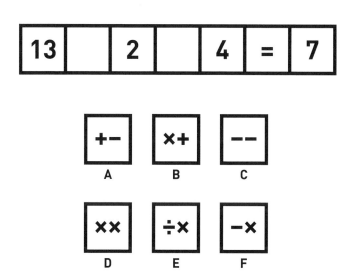

답: 210쪽

다음 표에서 숫자와 알파벳 글자 사이에는 일정한 규칙이 숨어 있습니다. 물음표에 들어갈 숫자는 어느 것일까요?

C	3	14	N
Y	25	12	L
F	6	19	S
U	21	16	P
O	?	?	D

15	4

A

5	26

B

11	18

C

24	8

D

13	3

E

1	19

F

답: 211쪽

어느 주사위의 전개도입니다. 이 전개도로 만든 주사위는 보기
A~F 중 어느 것일까요?

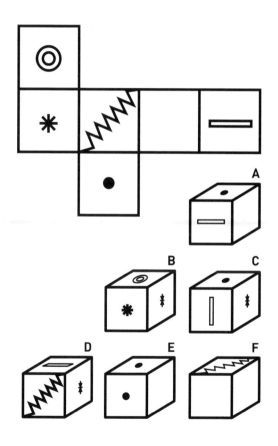

★ 211쪽에서 여러분의 IQ를 확인해보기 바랍니다.

답: 211쪽

그림에 들어가 있는 문자들은 일정한 값을 가지고 있습니다. 당신의 추론 능력을 발휘해서 물음표 자리에 들어갈 숫자를 계산해보세요. 보기 중 어느 것일까요? 참고로, 표의 가로줄과 세로줄 끝에 있는 숫자는 각 줄의 기호가 갖고 있는 값을 모두 더한 값입니다.

α	α	α	α	16
β	β	δ	$\varkappa$	?
δ	α	δ	α	
α	β	$\varkappa$	$\varkappa$	21
22	25			

A 25 B 21 C 27

D 28 E 29 F 23

답: 212쪽

다음 양팔 저울의 양쪽에 물건들이 있습니다. 첫 번째와 두 번째 저울처럼 균형을 이루게 하려면 세 번째 저울의 오른쪽 물음표 자리에는 어느 것을 올려놓아야 할까요?

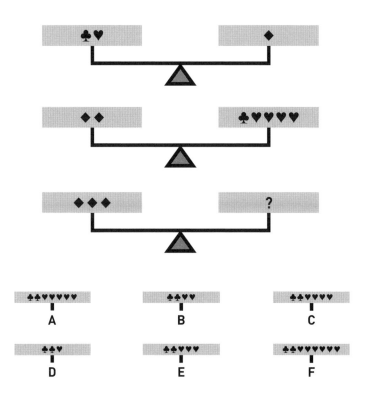

답: 212쪽

다음 그림에서 주어진 모양들을 이리저리 다시 맞추면 숫자 하나
를 만들 수 있습니다. 어떤 숫자일까요?

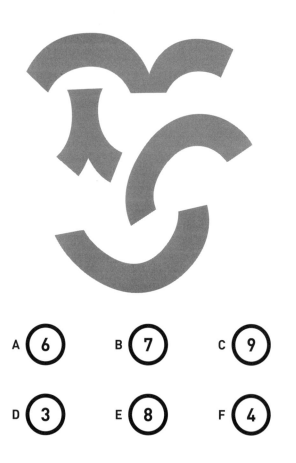

A 6   B 7   C 9

D 3   E 8   F 4

답: 212쪽

다음 그림에서 물음표 자리에 들어갈 숫자는 어느 것일까요?

6	1	7	3
2	5	2	8
3	5	5	1
4	4	1	?

6	3	4
A	B	C

2	5	1
D	E	F

답: 212쪽

이상한 금고의 숫자판이 있습니다. 이 금고는 17개의 단추를 모두 한 번씩 눌러야 하는데, 마지막으로 정가운데 F 표시가 있는 단추를 눌러야 열립니다. 각 단추에 적힌 기호는 다음에 눌러야 할 단추의 이동 횟수와 위치를 표시합니다. 예를 들어, 한 단추에 1c(1clockwise)라고 되어 있다면 이 단추를 누른 다음에는 그 단추에서 시계 방향으로 한 칸 이동한 위치에 있는 단추를 누르라는 뜻입니다. a(anti-clockwise)는 시계 반대 방향, i(into)는 안쪽으로, o(out)는 바깥쪽으로라는 뜻이 됩니다. 어느 단추를 처음에 눌러야 금고를 열 수 있을까요?

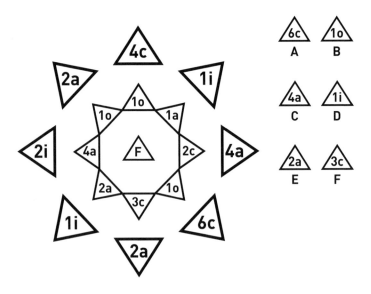

답: 213쪽

다음 그림에서 물음표 자리에 들어갈 숫자는 어느 것일까요?

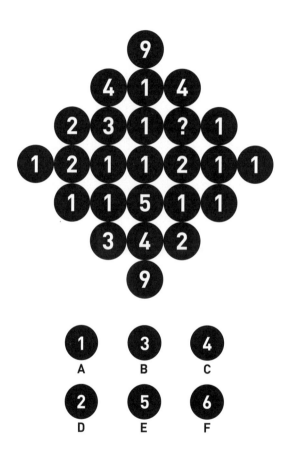

답: 210쪽

다음 그림에서 물음표 자리에 들어갈 숫자는 어느 것일까요?

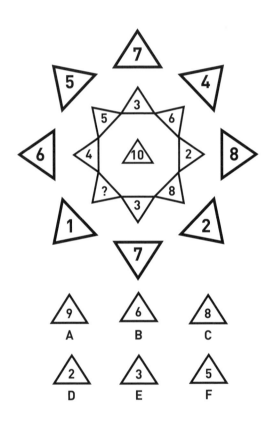

답: 213쪽

다음 그림에서 물음표 자리에 들어갈 숫자는 어느 것일까요?

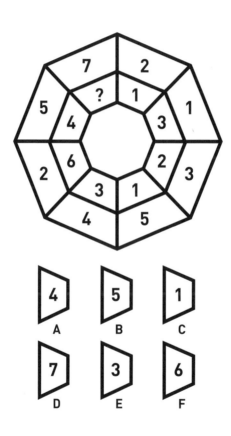

답: 213쪽

다음 16개의 상자에는 일정한 형태로 알파벳이 새겨져 있고, 열과 위치에 따른 이름이 있습니다. 예를 들어 제일 왼쪽 제일 위 상자의 번호는 A1이 됩니다. C4 상자와 짝을 이룰 수 있는 형태를 가진 상자는 어느 것일까요?

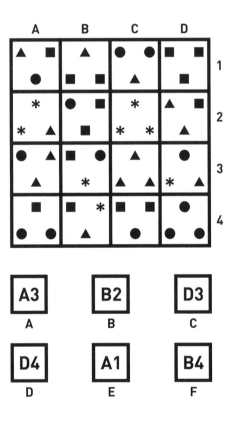

A3	B2	D3
A	B	C
D4	A1	B4
D	E	F

다음 다트 판에 다트를 던져서 불발되는 일은 없다고 합니다. 모두 세 개의 다트를 던져서 합산 점수가 123이 되는 방법은 몇 가지가 될까요? 단, 다트를 던지는 순서는 상관없습니다.

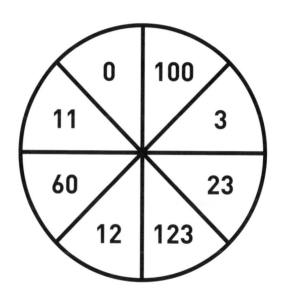

A. 1가지   **B.** 5가지   **C.** 8가지

D. 2가지   **E.** 4가지   **F.** 12가지

답: 214쪽

이상한 금고의 숫자판이 있습니다. 이 금고는 30개의 단추를 모두 한 번씩 눌러야 하는데, 마지막으로 F 표시가 있는 단추를 눌러야 열립니다. 각 단추에 적힌 기호는 다음에 눌러야 할 단추의 이동 횟수와 위치를 표시합니다. 예를 들어, 한 단추에 1U(1up)라고 되어 있다면 이 단추를 누른 다음에는 그 단추에서 한 칸 위에 있는 단추를 누르라는 뜻입니다. L(left)은 왼쪽, R(right)은 오른쪽, D(down)는 아래쪽을 뜻합니다. 어느 단추를 처음에 눌러야 금고를 열 수 있을까요?

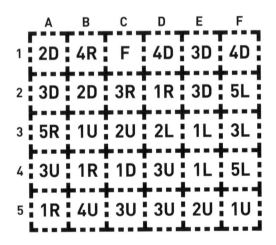

	A	B	C	D	E	F
1	2D	4R	F	4D	3D	4D
2	3D	2D	3R	1R	3D	5L
3	5R	1U	2U	2L	1L	3L
4	3U	1R	1D	3U	1L	5L
5	1R	4U	3U	3U	2U	1U

A. 4행 B열   **B.** 5행 F열   **C.** 2행 C열

D. 1행 E열   **E.** 4행 D열   **F.** 3행 A열

답: 214쪽

다음 그림에서 물음표 자리에 들어갈 숫자는 어느 것일까요?

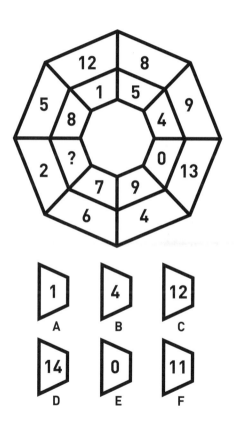

답: 214쪽

다음 그림에서 물음표 자리에 들어갈 숫자는 어느 것일까요?

1	0	3	4
8	4	2	6
6	2	3	7
9	5	2	?

6	9	5
A	**B**	**C**

3	2	7
D	**E**	**F**

답: 214쪽

54

다음 그림에서 물음표 자리에 들어갈 도형은 어느 것일까요?

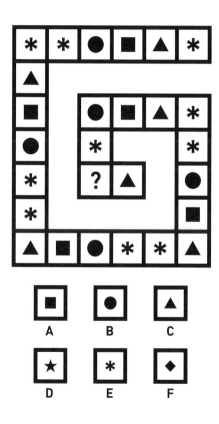

답: 215쪽

다음 그림에서 물음표 자리에 들어갈 숫자는 어느 것일까요?

2	1	2	1	?
5	1	2	7	3
7	2	4	8	6

8	1	7
A	B	C

9	3	4
D	E	F

답: 215쪽

다음 그림에서 사각형에 배열된 문자들은 일정한 규칙을 따르고
있습니다. 물음표 자리에 어떤 문자 조각을 채워 넣어야 할까요?

A	C	B		D
C	E	B	?	D
B	B	E	A	D
E	A	A	C	E
D	D	D	E	A

B E	A D
A	B

E A	C D
C	D

C A	D B
E	F

답: 215쪽

어느 주사위의 전개도입니다. 보기의 주사위들 중에는 이 전개도로 만들 수 없는 것이 있습니다. 보기 A~F 중 어느 것일까요?

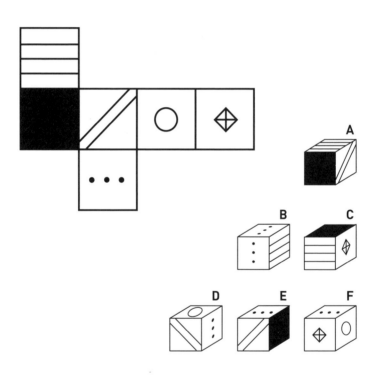

답: 215쪽

맨 아래 왼쪽 동그라미에서 출발하여 맨 위 오른쪽 동그라미까지 이동할 수 있습니다. 이동은 서로 닿아 있는 동그라미로만 할 수 있습니다. 9개의 동그라미를 모아서 동그라미 안에 들어 있는 숫자를 더해보세요. 숫자의 합 중 가장 큰 값은 어느 것일까요?

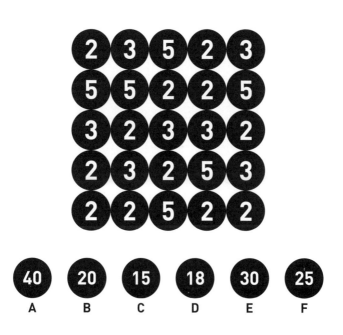

다음 양팔 저울의 양쪽에 물건들이 있습니다. 첫 번째와 두 번째
저울처럼 균형을 이루게 하려면 세 번째 저울의 오른쪽 물음표 자
리에는 어느 것을 올려놓아야 할까요?

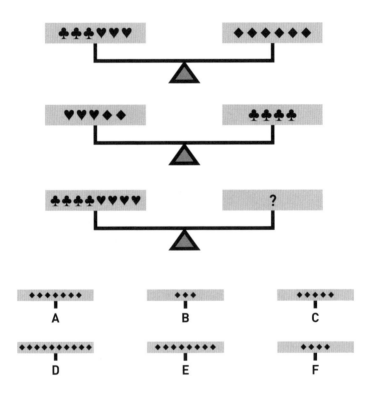

A

B

C

D

E

F

답: 215쪽

아래 그림에서 다음에 올 시계는 어느 것일까요?

A   **B**   **C**

D   **E**   **F**

★216쪽에서 여러분의 IQ를 확인해보기 바랍니다.

답: 216쪽

등식이 성립하려면 빈자리에 어떤 연산 기호를 차례로 넣어야 할까요? 보기 A~F는 연산 기호를 차례로 표시한 것입니다.

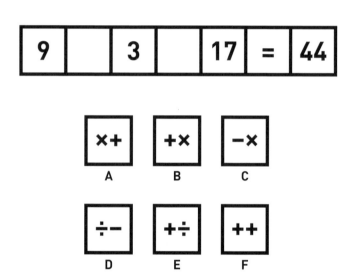

답: 217쪽

정가운데 1에서 출발하여 인접한 원으로 이동하면서 네 개의 숫자를 더해야 합니다. 이렇게 더했을 때 합이 12가 나오는 경로는 몇 가지나 될까요? 결국은 같은 동그라미를 포함하더라도 순서가 다르면 다른 방법으로 인정합니다.

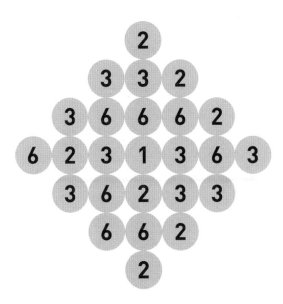

A. 12가지   B. 9가지   C. 8가지

D. 7가지   E. 11가지   F. 3가지

답: 217쪽

다음 그림에서 삼각형은 일정한 규칙에 따라 변합니다. 다음 차례
에 올 삼각형은 어느 것일까요?

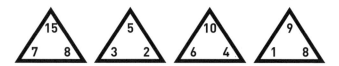

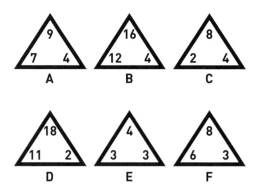

A   B   C

D   E   F

답: 217쪽

아래 그림에서 다음에 올 시계는 어느 것일까요?

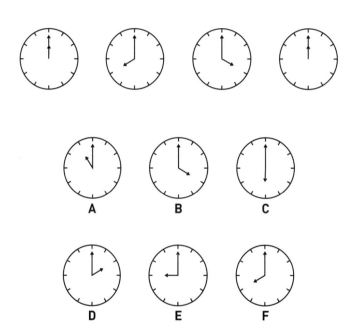

답: 217쪽

다음 그림에서 물음표 자리에 들어갈 숫자는 어느 것일까요?

7	9	8	8
3	9	5	7
1	6	3	4
2	2	1	?

4	2	3
A	B	C

1	5	6
D	E	F

답: 218쪽

이상한 금고의 숫자판이 있습니다. 이 금고는 25개의 단추를 모두 한 번씩 누르고 마지막으로 F 표시가 있는 단추를 눌러야 열립니다. 각 단추에 적힌 기호는 다음에 눌러야 할 단추의 이동 횟수와 위치를 표시합니다. 예를 들어, 한 단추에 1U(1up)라고 되어 있다면 이 단추를 누른 다음에는 그 단추에서 한 칸 위에 있는 단추를 누르라는 뜻입니다. L(left)은 왼쪽, R(right)은 오른쪽, D(down)는 아래쪽을 뜻합니다. 어느 단추를 처음에 눌러야 금고를 열 수 있을까요?

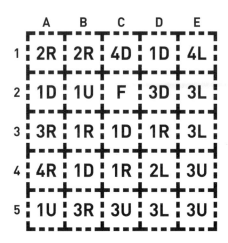

	A	B	C	D	E
1	2R	2R	4D	1D	4L
2	1D	1U	F	3D	3L
3	3R	1R	1D	1R	3L
4	4R	1D	1R	2L	3U
5	1U	3R	3U	3L	3U

A. 2행 D열   B. 1행 E열   C. 4행 D열

D. 3행 E열   E. 2행 A열   F. 5행 B열

팁. 218쪽

다음 그림의 네 귀퉁이에서 출발하여 네 개의 숫자를 선택해야 합니다. 출발점을 포함해 연결된 다섯 개의 숫자를 차례로 더합니다. 이렇게 더했을 때 합이 33이 되도록 하려면 물음표 자리에는 어떤 숫자가 들어가야 할까요?

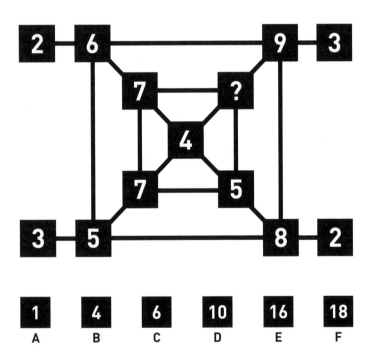

TEST4 ‹08

다음 그림에서 사각형에 배열된 숫자들은 일정한 규칙을 따르고 있습니다. 물음표 자리에 어떤 숫자 조각을 채워 넣어야 할까요?

5	3	1	3	1
3	5	5	1	5
?	5	3	1	5
	1	1	3	5
1	5	5	5	3

A

1
3

B

5
2

C

3
5

D

5
1

E

1
2

F

1
1

팁. 218쪽

맨 아래 왼쪽 동그라미에서 출발하여 맨 위 오른쪽 동그라미까지
이동할 수 있습니다. 이동은 서로 닿아 있는 동그라미로만 할 수
있습니다. 9개의 동그라미를 모아서 동그라미 안에 들어 있는 숫
자를 더해보세요. 숫자의 합 중 가장 큰 값은 어느 것일까요?

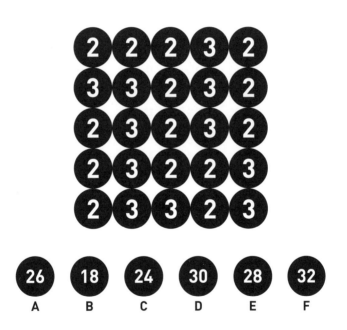

답: 218쪽

다음 그림에서 주어진 모양들을 이리저리 다시 맞추면 숫자 하나
를 만들 수 있습니다. 어떤 숫자일까요?

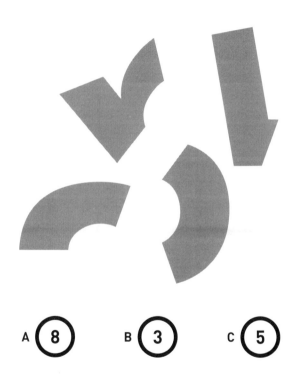

A 8   B 3   C 5

D 2   E 1   F 9

답: 219쪽

다음 16개의 상자에는 일정한 형태로 알파벳이 새겨져 있고, 열과 위치에 따른 이름이 있습니다. 예를 들어 제일 왼쪽 제일 위 상자의 번호는 A1이 됩니다. D1 상자와 짝을 이룰 수 있는 형태를 가진 상자는 어느 것일까요?

	A	B	C	D	
	3 3 / 2	2 / 1 1	2 / 2 2	4 / 2 1	1
	4 4 / 3	2 / 4 4	2 / 4 1	3 3 / 4	2
	3 / 2 2	3 / 1 1	1 / 3 3	4 4 / 4	3
	3 / 3 3	2 2 / 4	1 / 1 1	2 2 / 1	4

A4	B2	C1
A	B	C

C2	A1	D3
D	E	F

답: 219쪽

다음 다트 판에 다트를 던져서 불발되는 일은 없다고 합니다. 모두 세 개의 다트를 던져서 합산 점수가 60이 되는 방법은 몇 가지가 될까요? 단, 다트를 던지는 순서는 상관없습니다.

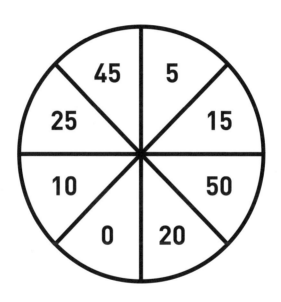

A. 2가지   **B.** 5가지   **C.** 3가지

D. 7가지   **E.** 8가지   **F.** 9가지

팁. 219쪽

그림에 들어가 있는 문자들은 일정한 값을 가지고 있습니다. 당신의 추론 능력을 발휘해서 물음표 자리에 들어갈 숫자를 계산해보세요. 보기 중 어느 것일까요? 참고로, 표의 가로줄과 세로줄 끝에 있는 숫자는 각 줄의 기호가 갖고 있는 값을 모두 더한 값입니다.

α	β	α	β	18
β	$\varkappa$	δ	α	
$\varkappa$	$\varkappa$	β	β	20
$\varkappa$	δ	δ	δ	?
23			22	

A   37   B   30   C   28

D   35   E   24   F   39

답: 219쪽

다음 그림에서 물음표 자리에 들어갈 도형은 어느 것일까요?

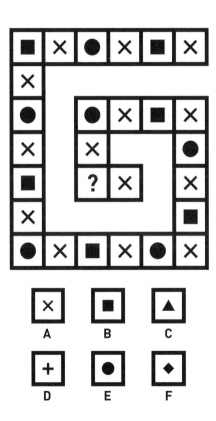

답: 219쪽

다음 그림에서 1에서 5까지의 숫자를 빈칸에 모두 채워 넣되, 가로, 세로, 대각선으로 같은 숫자를 넣으면 안 됩니다. 각 줄에는 숫자가 하나씩만 들어갈 수 있습니다. 물음표 자리에 들어갈 숫자는 어느 것일까요?

1	2	3	4	5
		5		
?		2		
		4		
4	5	1	2	3

2		4		3
A		B		C

5		1
D		E

답: 220쪽

다음 그림에서 물음표 자리에 들어갈 숫자는 어느 것일까요?

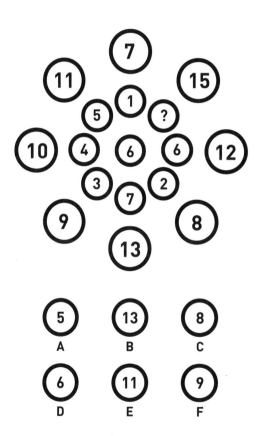

답: 220쪽

가로 직선, 세로 직선, 대각선으로 연결된 숫자 5개를 모두 더하면 25가 되도록 빈칸을 숫자로 채워야 합니다. 물음표 자리에 들어갈 숫자는 어느 것일까요?

?	**2**		**1**	
2		**7**		**1**
			1	**2**
4	**2**	**3**	**3**	
3	**5**	**3**	**12**	**2**

8	**6**	**12**
A	B	C

10	**2**	**15**
D	E	F

답: 220쪽

케이크를 완성하려면 물음표가 있는 곳에 어떤 조각을 채워 넣어야 될까요?

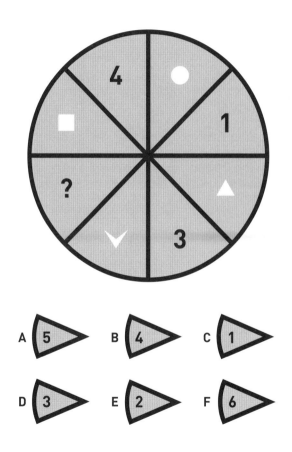

답: 221쪽

다음 그림에서 물음표 자리에 들어갈 숫자는 어느 것일까요?

5	9	1	2	1
8	9	6	4	3
3	0	5	2	?

9	6	2
A	B	C

7	4	5
D	E	F

답: 221쪽

다음 표에서 숫자와 알파벳 글자 사이에는 일정한 규칙이 숨어 있습니다. 물음표에 들어갈 숫자는 어느 것일까요?

S	?	K
E	516	P
Z	262	B
I	914	N
A	120	T

393	671	385
A	B	C

5482	1911	2363
D	E	F

★ ???쪽에서 여러분의 IQ를 확인해보기 바랍니다

답: ???쪽

이상한 금고의 숫자판이 있습니다. 이 금고는 17개의 단추를 모두 한 번씩 누르고 마지막으로 정가운데 F 표시가 있는 단추를 눌러야 열립니다. 각 단추에 적힌 기호는 다음에 눌러야 할 단추의 이동 횟수와 위치를 표시합니다. 예를 들어, 한 단추에 1c(1clock-wise)라고 되어 있다면 이 단추를 누른 다음에는 그 단추에서 시계 방향으로 한 칸 이동한 위치에 있는 단추를 누르라는 뜻입니다. a(anti-clockwise)는 시계 반대 방향, i(into)는 안쪽으로, o(out)는 바깥쪽으로라는 뜻이 됩니다. 어느 단추를 처음에 눌러야 금고를 열 수 있을까요?

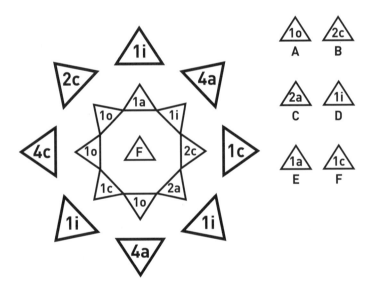

답: 223쪽

TEST5 ‹ 02

다섯 가지 도형을 빈칸에 채워 넣되, 세로, 가로, 대각선으로 같은
도형이 들어가서는 안 됩니다. 반드시 한 번씩 있어서 다섯 개의
도형이 한 줄에 하나씩 있게 해야만 합니다. 그렇게 배열하려면,
물음표에 들어가야 할 도형은 보기 A~E 중 어느 것일까요?

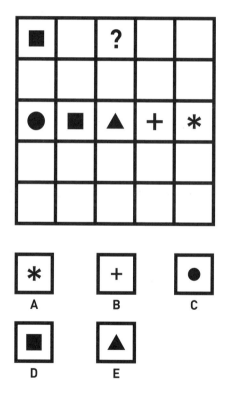

답: 223쪽

다음 그림에서 물음표 자리에 들어갈 숫자는 어느 것일까요?

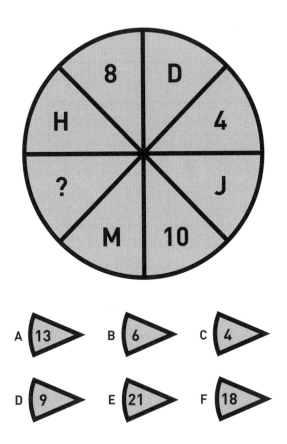

정가운데 있는 4에서 출발하여 선을 따라 연결된 자리들의 숫자를 더합니다. 출발한 자리부터 시작하여 네 개의 숫자를 더했을 때 24가 되게 할 수 있는 방법은 몇 가지일까요? 단, 같은 숫자라도 순서가 다르면 다른 방법으로 인정합니다.

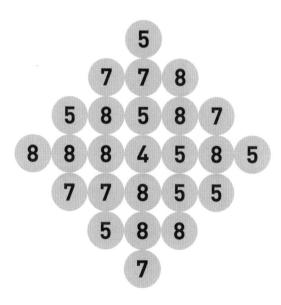

A. 2가지   **B.** 3가지   **C.** 4가지

D. 5가지   **E.** 6가지   **F.** 7가지

가로 직선, 세로 직선, 대각선으로 연결된 숫자 5개를 모두 더하면 30이 되도록 빈칸을 숫자로 채워야 합니다. 물음표 자리에 들어갈 숫자는 어느 것일까요?

8				10
4	7	10		
7	8	6	4	5
		2	5	11
2		?	12	4

A	B	C
15	**13**	**19**

D	E	F
14	**16**	**3**

답: 224쪽

다음 그림에서 물음표 자리에 들어갈 숫자는 어느 것일까요?

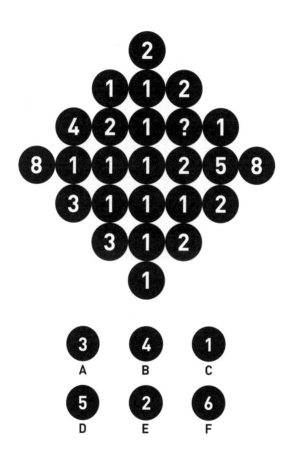

답: 224쪽

다섯 가지 도형을 빈칸에 채워 넣되, 세로, 가로, 대각선으로 같은 도형이 들어가서는 안 됩니다. 반드시 한 번씩 있어서 다섯 개의 도형이 한 줄에 하나씩 있게 해야만 합니다. 그렇게 배열하려면, 물음표에 들어가야 할 도형은 보기 A~E 중 어느 것일까요?

●		?		
+				
■	▲	+		
✳				
▲				

■	+	●
A	**B**	**C**

✳	▲
D	**E**

답: 225쪽

다음 그림에서 물음표 자리에 들어갈 숫자는 어느 것일까요?

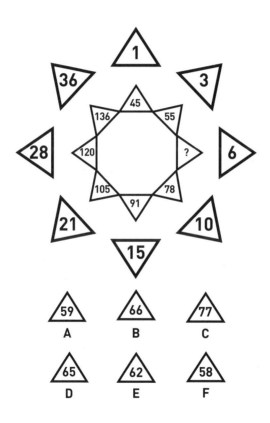

답: 225쪽

다음 16개의 상자에는 일정한 형태로 알파벳이 새겨져 있고, 열
과 위치에 따른 이름이 있습니다. 예를 들어 제일 왼쪽 제일 위 상
자의 번호는 A1이 됩니다. C1 상자와 짝을 이룰 수 있는 형태를
가진 상자는 어느 것일까요?

	A		B		C		D		
	A	E	A	A	A	A	B	B	1
	B	D	A	A	B	D	A	B	
	D	E	E	E	B	C	B	B	2
	B	B	E	E	E	A	B	C	
	D	D	C	A	C	C	A	B	3
	A	D	C	B	E	E	C	D	
	B	E	A	E	B	A	D	D	4
	D	C	E	D	A	D	C	D	

4A	2D	4C
A	B	C

1B	3B	1D
D	E	F

답: 225쪽

다음 다트 판에 다트를 던져서 불발되는 일은 없다고 합니다. 모두 네 개의 다트를 던져서 합산 점수가 66이 되는 방법은 몇 가지가 될까요? 단, 다트를 던지는 순서는 상관없습니다.

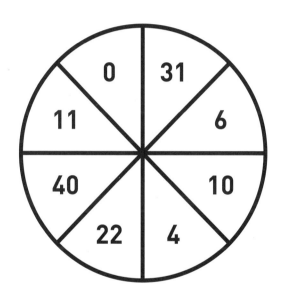

A. 1가지   **B.** 2가지   **C.** 3가지

D. 6가지   **E.** 4가지   **F.** 5가지

답: 225쪽

다음 그림에서 물음표 자리에 들어갈 숫자는 어느 것일까요?

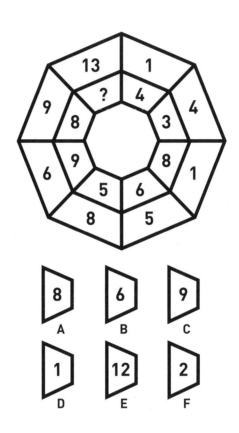

답: 226쪽

다음 그림에서 사각형에 배열된 알파벳은 일정한 규칙을 따르고
있습니다. 물음표 자리에 어떤 문자 조각을 채워 넣어야 할까요?

D	E	C	A	A
E	B	C	D	B
C	?	A	B	D
A		B	C	C
A	B	D	C	E

D C **A**	A B **B**	
C E **C**	E B **D**	
B A **E**	C D **F**	

답: 226쪽

그림에 들어가 있는 문자들은 일정한 값을 가지고 있습니다. 당신의 추론 능력을 발휘해서 물음표 자리에 들어갈 숫자를 계산해보세요. 보기 중 어느 것일까요? 참고로, 표의 가로줄과 세로줄 끝에 있는 숫자는 각 줄의 기호가 갖고 있는 값을 모두 더한 값입니다.

A	B	C	D	5
E	D	G	H	11
I	J	K	L	32
M	N	O	P	?
22	14	20	30	

A **45** B **12** C **26**

D **38** E **34** F **21**

답: 226쪽

이상한 금고의 숫자판이 있습니다. 이 금고는 30개의 단추를 모두 한 번씩 누르고 마지막으로 정가운데 F 표시가 있는 단추를 눌러야 열립니다. 각 단추에 적힌 기호는 다음에 눌러야 할 단추의 이동 횟수와 위치를 표시합니다. 예를 들어, 한 단추에 1U(1up)라고 되어 있다면 이 단추를 누른 다음에는 그 단추에서 한 칸 위에 있는 단추를 누르라는 뜻입니다. L(left)은 왼쪽, R(right)은 오른쪽, D(down)는 아래쪽을 뜻합니다. 어느 단추를 처음에 눌러야 금고를 열 수 있을까요?

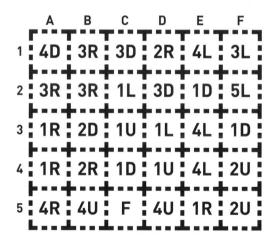

	A	B	C	D	E	F
1	4D	3R	3D	2R	4L	3L
2	3R	3R	1L	3D	1D	5L
3	1R	2D	1U	1L	4L	1D
4	1R	2R	1D	1U	4L	2U
5	4R	4U	F	4U	1R	2U

A. 2행 F열   **B.** 5행 C열   **C.** 4행 D열

D. 5행 B열   **E.** 4행 E열   **F.** 3행 F열

답: 226쪽

맨 아래 왼쪽 동그라미에서 출발하여 맨 위 오른쪽 동그라미까지 이동할 수 있습니다. 이동은 서로 닿아 있는 동그라미로만 할 수 있습니다. 9개의 동그라미를 모아서 동그라미 안에 들어 있는 숫자를 더해보세요. 숫자의 합 중 가장 큰 값은 어느 것일까요?

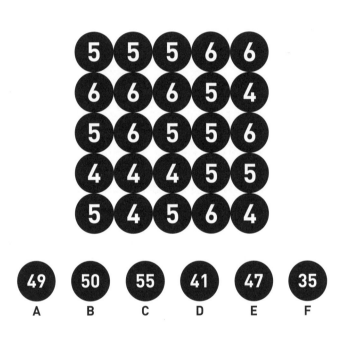

답: 227쪽

다음 그림에서 물음표 자리에 들어갈 숫자는 어느 것일까요?

8	3	4	1
6	1	2	3
9	2	0	7
5	1	1	?

7	4	1
A	B	C

6	3	9
D	E	F

답: 227쪽

다음 그림의 네 귀퉁이에서 출발하여 네 개의 숫자를 선택해야 합니다. 출발점을 포함해 연결된 다섯 개의 숫자를 차례로 더합니다. 이렇게 더했을 때 합이 20이 되도록 하려면 물음표 자리에는 어떤 숫자가 들어가야 할까요?

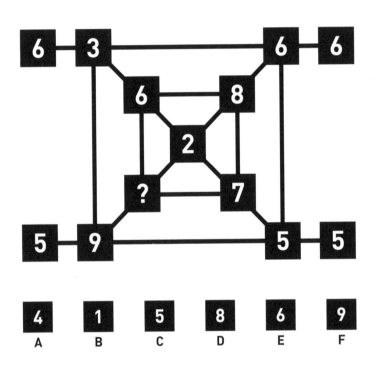

답: 227쪽

다음 양팔 저울의 양쪽에 물건들이 있습니다. 첫 번째와 두 번째 저울처럼 균형을 이루게 하려면 세 번째 저울의 왼쪽 물음표 자리에는 어느 것을 올려놓아야 할까요?

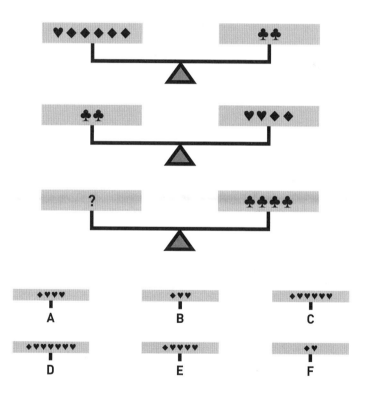

답' ???쪽

이상한 금고의 숫자판이 있습니다. 이 금고는 17개의 단추를 모두 한 번씩 누르고 마지막으로 정가운데 F 표시가 있는 단추를 눌러야 열립니다. 각 단추에 적힌 기호는 다음에 눌러야 할 단추의 이동 횟수와 위치를 표시합니다. 예를 들어, 한 단추에 1c(1clock-wise)라고 되어 있다면 이 단추를 누른 다음에는 그 단추에서 시계 방향으로 한 칸 이동한 위치에 있는 단추를 누르라는 뜻입니다. a(anti-clockwise)는 시계 반대 방향, i(into)는 안쪽으로, o(out)는 바깥쪽으로라는 뜻이 됩니다. 어느 단추를 처음에 눌러야 금고를 열 수 있을까요?

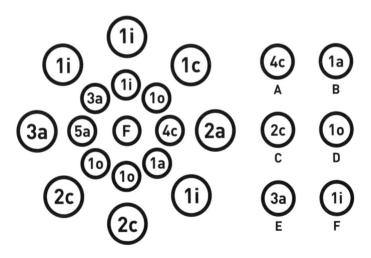

답: 227쪽

등식이 성립하려면 빈자리에 어떤 연산 기호를 차례로 넣어야 할까요? 보기 A~F는 연산 기호를 차례로 표시한 것입니다.

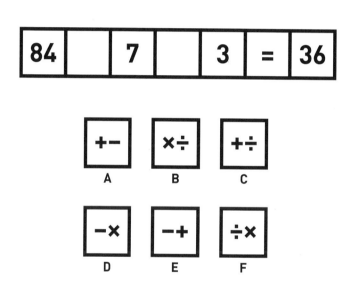

| 84 | | 7 | | 3 | = | 36 |

+ −
A

× ÷
B

+ ÷
C

− ×
D

− +
E

÷ ×
F

답 227쪽

다음 그림에서 삼각형은 일정한 규칙에 따라 변합니다. 다음 차례
에 올 삼각형은 어느 것일까요?

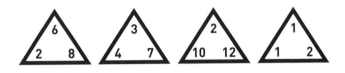

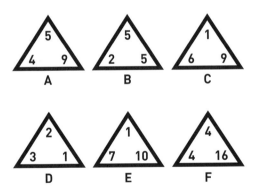

답: 228쪽

다음 표에서 숫자와 알파벳 글자 사이에는 일정한 규칙이 숨어 있습니다. 물음표에 들어갈 숫자는 어느 것일까요?

C	23	T
J	17	G
L	34	V
E	10	E
A	?	X

13	21	25
A	**B**	**C**

33	26	28
D	**E**	**F**

답: 228쪽

아래 그림에서 다음에 올 시계는 어느 것일까요?

A   **B**   **C**

D   **E**   **F**

답: 228쪽

다음 그림에서 물음표 자리에 들어갈 숫자는 어느 것일까요?

9	7	8	5
3	1	4	3
8	8	7	6
2	2	3	?

1	6	2
A	B	C

5	3	4
D	E	F

답: 228쪽

어느 주사위의 전개도입니다. 이 전개도로 만든 주사위는 보기
A~F 중 어느 것일까요?

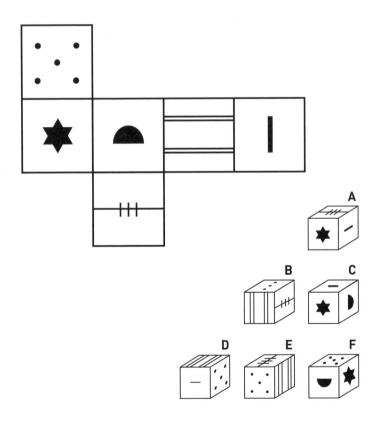

답: 229쪽

다음 그림에서 주어진 모양들을 이리저리 다시 맞추면 문자 하나
를 만들 수 있습니다. 어떤 문자일까요?

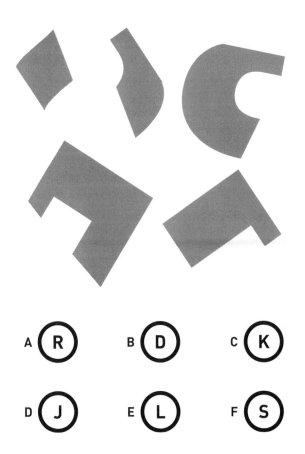

A (R)   B (D)   C (K)

D (J)   E (L)   F (S)

답: 229쪽

정가운데 4에서 출발하여 인접한 원으로 이동하면서 네 개의 숫자를 더해야 합니다. 이렇게 더했을 때 합이 10이 되게 하는 경로는 몇 가지나 될까요? 결국은 같은 동그라미를 포함하더라도 순서가 다르면 다른 방법으로 인정합니다.

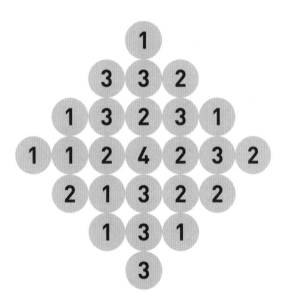

A. 12가지   **B.** 8가지   **C.** 5가지

D. 10가지   **E.** 6가지   **F.** 11가지

답: 229쪽

가로 직선, 세로 직선, 대각선으로 연결된 숫자 5개를 모두 더하면 50이 되도록 빈칸을 숫자로 채워야 합니다. 물음표 자리에 들어갈 숫자는 어느 것일까요?

12	10	14		12
7	14	14	14	1
12	18			8
11			?	21
8	2		26	8

6	4	12
A	B	C

10	8	2
D	E	F

답: 230쪽

TEST5 〈 29

다음 그림에서 물음표 자리에 들어갈 숫자는 어느 것일까요?

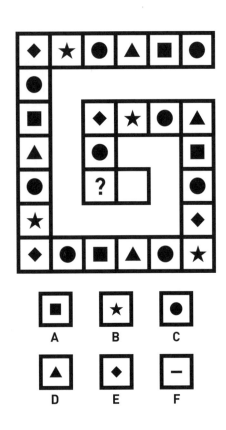

답: 230쪽

가로 직선, 세로 직선, 대각선으로 연결된 숫자 5개를 모두 더하면 35가 되도록 빈칸을 숫자로 채워야 합니다. 물음표 자리에 들어갈 숫자는 어느 것일까요?

9	8	11	0	
1	11	11	9	
	11	?		
11	5			13
	0		20	5

12	9	1
A	B	C

10	7	4
D	E	F

★ 231쪽에서 여러분의 IQ를 확인해보기 바랍니다

답: 230쪽

케이크를 완성하려면 물음표가 있는 곳에 어떤 조각을 채워 넣어
야 될까요?

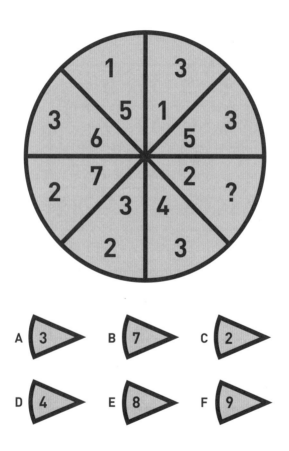

답: 232쪽

다음 그림의 네 귀퉁이에서 출발하여 네 개의 숫자를 선택해야 합니다. 출발점을 포함해 연결된 다섯 개의 숫자를 차례로 더합니다. 이렇게 더했을 때 합이 35가 되도록 하려면 물음표 자리에는 어떤 숫자가 들어가야 할까요?

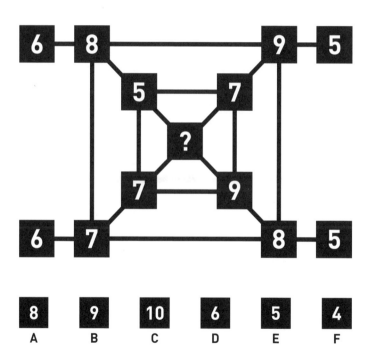

답: 232쪽

다음 그림에서 주어진 모양들을 이리저리 다시 맞추면 알파벳 문자 하나를 만들 수 있습니다. 어떤 문자일까요?

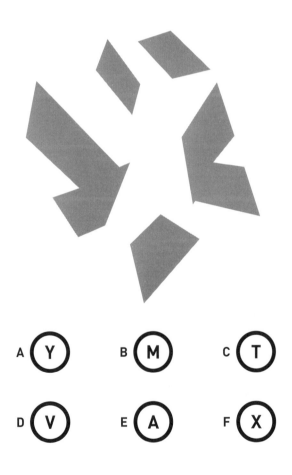

A Y   B M   C T

D V   E A   F X

답: 232쪽

114

가로 직선, 세로 직선, 대각선으로 연결된 숫자 5개를 모두 더하면 40이 되도록 빈칸을 숫자로 채워야 합니다. 물음표 자리에 들어 갈 숫자는 어느 것일까요?

			2	
12				0
	?	8	6	6
3	7	6	7	17
6	5	6	16	7

4	**10**	**13**
A	B	C

21	**18**	**5**
D	E	F

답: 232쪽

이상한 금고의 숫자판이 있습니다. 이 금고는 17개의 단추를 모두 한 번씩 누르고 마지막으로 정가운데 F 표시가 있는 단추를 눌러야 열립니다. 각 단추에 적힌 기호는 다음에 눌러야 할 단추의 이동 횟수와 위치를 표시합니다. 예를 들어, 한 단추에 1c(1clock-wise)라고 되어 있다면 이 단추를 누른 다음에는 그 단추에서 시계 방향으로 한 칸 이동한 위치에 있는 단추를 누르라는 뜻입니다. a(anti-clockwise)는 시계 반대 방향, i(into)는 안쪽으로, o(out)는 바깥쪽으로라는 뜻이 됩니다. 어느 단추를 처음에 눌러야 금고를 열 수 있을까요?

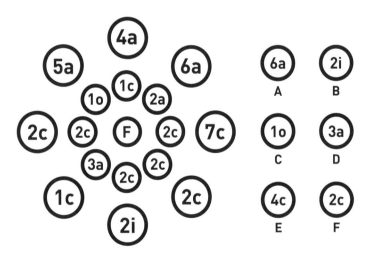

답: 233쪽

다음 양팔 저울의 양쪽에 물건들이 있습니다. 첫 번째와 두 번째 저울처럼 균형을 이루게 하려면 세 번째 저울의 오른쪽 물음표 자리에는 어느 것을 올려놓아야 할까요?

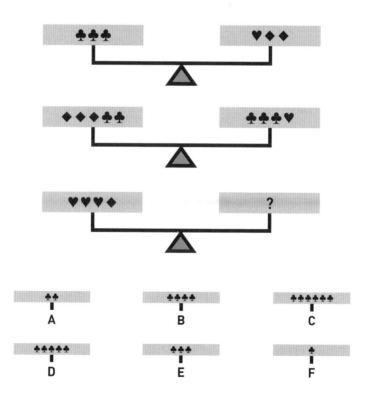

답: 233쪽

케이크를 완성하려면 물음표가 있는 곳에 어떤 조각을 채워 넣어 야 될까요?

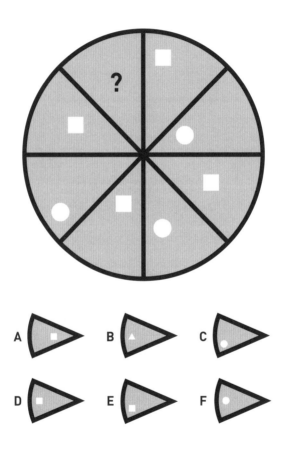

A   B C

D E F

답: 233쪽

다음 그림에서 물음표 자리에 들어갈 숫자는 어느 것일까요?

6	3	9	4	1
5	8	7	6	3
?	5	1	7	8

3	5	8
A	**B**	**C**

7	2	0
D	**E**	**F**

답: 233쪽

다음 그림에서 물음표 자리에 들어갈 화살표는 어느 것일까요?

답: 233쪽

맨 아래 왼쪽 동그라미에서 출발하여 맨 위 오른쪽 동그라미까지
이동할 수 있습니다. 이동은 서로 닿아 있는 동그라미로만 할 수
있습니다. 9개의 동그라미를 모아서 동그라미 안에 들어 있는 숫
자를 더해보세요. 숫자의 합 중 가장 큰 값은 어느 것일까요?

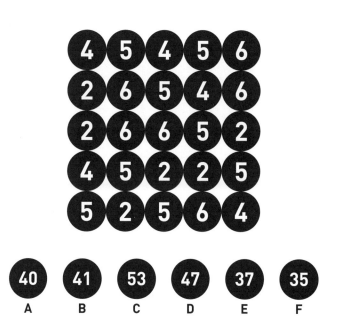

답: 234쪽

다음 그림에서 사각형에 배열된 기호들은 일정한 규칙을 따르고 있습니다. 물음표 자리에 어떤 기호 조각을 채워 넣어야 할까요?

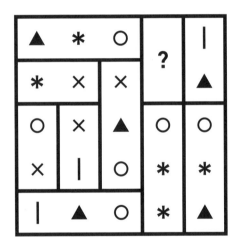

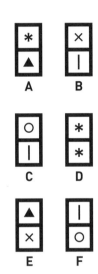

다음 16개의 상자에는 일정한 형태로 알파벳이 새겨져 있고, 열과 위치에 따른 이름이 있습니다. 예를 들어 제일 왼쪽 제일 위 상자의 번호는 A1이 됩니다. D4 상자와 짝을 이룰 수 있는 형태를 가진 상자는 어느 것일까요?

	A	B	C	D	
	1 1 / 5 5	5 1 / 2 3	3 1 / 2 3	1 3 / 5 4	1
	2 3 / 4 3	4 4 / 1 4	4 2 / 2 5	3 3 / 4 5	2
	3 3 / 4 3	1 4 / 2 5	4 4 / 1 1	2 5 / 4 3	3
	3 4 / 2 2	5 3 / 4 4	4 2 / 3 1	3 5 / 1 2	4

A2
A

C1
B

D3
C

C3
D

B4
E

B1
F

답: 234쪽

다음 다트 판에 다트를 던져서 불발되는 일은 없다고 합니다. 모두 네 개의 다트를 던져서 합산 점수가 85가 되는 방법은 몇 가지가 될까요? 단, 다트를 던지는 순서는 상관없습니다.

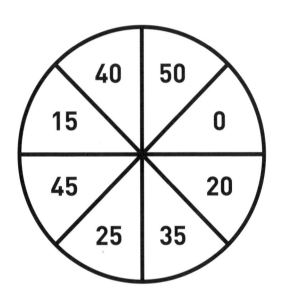

A. 8가지   **B.** 11가지   **C.** 12가지

D. 9가지   **E.** 14가지   **F.** 6가지

답: 234쪽

다음 그림에서 물음표 자리에 들어갈 숫자는 어느 것일까요?

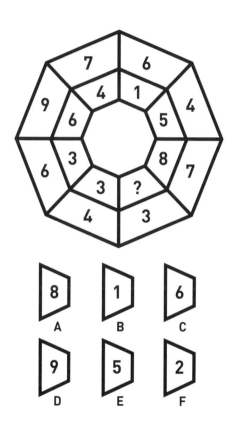

답: 234쪽

다음 그림에서 물음표 자리에 들어갈 숫자는 어느 것일까요?

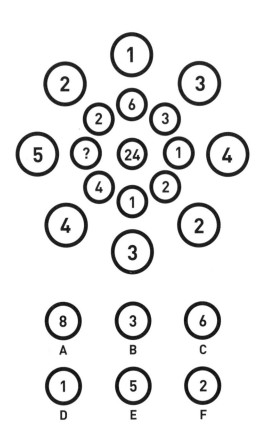

답: 235쪽

다음 그림에서 1에서 5까지의 숫자를 빈칸에 모두 채워 넣되, 가로, 세로, 대각선으로 같은 숫자를 넣으면 안 됩니다. 각 줄에는 숫자가 하나씩만 들어갈 수 있습니다. 물음표 자리에 들어갈 숫자는 어느 것일까요?

1	2			
4	5			
2	3			
				?

4	5	1
A	**B**	**C**

2	3
D	**E**

답; 235쪽

다음 표에서 숫자와 알파벳 글자 사이에는 일정한 규칙이 숨어 있습니다. 물음표에 들어갈 숫자는 어느 것일까요?

A	1	B
D	7	K
Q	2	O
R	2	T
Z	?	C

12	5	20
A	B	C

28	23	9
D	E	F

답: 235쪽

TEST6 ◀ 18

다음 그림에서 삼각형은 일정한 규칙에 따라 변합니다. 다음 차례
에 올 삼각형은 어느 것일까요?

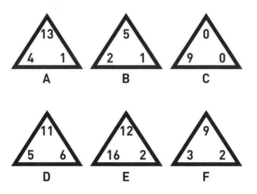

답: 236쪽

그림에 들어가 있는 문자들은 일정한 값을 가지고 있습니다. 당신의 추론 능력을 발휘해서 물음표 자리에 들어갈 숫자를 계산해보세요. 보기 중 어느 것일까요? 참고로, 표의 가로줄과 세로줄 끝에 있는 숫자는 각 줄의 기호가 갖고 있는 값을 모두 더한 값입니다.

K	K	Λ	Λ	46
Λ	K	K	O	
O	O	Π	Π	62
Λ	Λ	K	O	
50	49		?	

A 48   B 58   C 50

D 42   E 49   F 47

답: 236쪽

다음 그림에서 물음표 자리에 들어갈 숫자는 어느 것일까요?

2	3	2	8
1	8	1	9
3	0	3	3
1	1	4	?

2	1	4
A	B	C

5	8	7
D	E	F

답: 236쪽

131

아래 그림에서 다음에 올 시계는 어느 것일까요?

A   **B**   **C**

D   **E**   **F**

답: 237쪽

어느 주사위의 전개도입니다. 보기의 주사위들 중에는 이 전개도로 만들 수 없는 것이 있습니다. 보기 A~F 중 어느 것일까요?

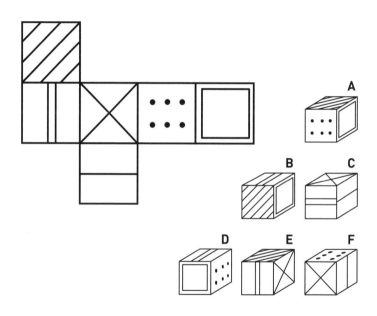

답: 237쪽

케이크를 완성하려면 물음표가 있는 곳에 어떤 조각을 채워 넣어
야 될까요?

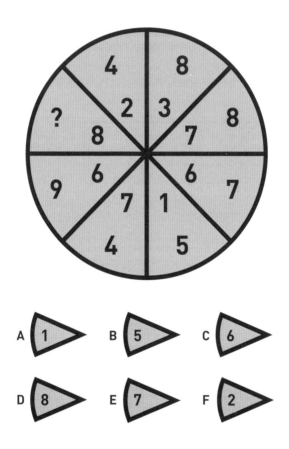

답: 237쪽

다음 그림에서 물음표 자리에 들어갈 도형은 어느 것일까요?

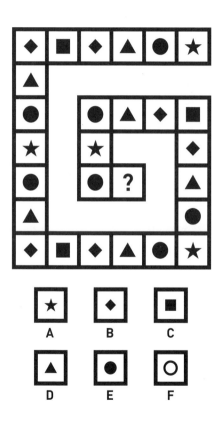

답: 237쪽

등식이 성립하려면 빈자리에 어떤 연산 기호를 차례로 넣어야 할
까요? 보기 A~F는 연산 기호를 차례로 표시한 것입니다.

| 8 | | 7 | | 3 | | 1 | | 19 | = | 76 |

× + ÷ −
A

+ ÷ − ×
B

÷ − × +
C

÷ + × −
D

− × − +
E

÷ × ÷ ×
F

답: 237쪽

이상한 금고의 숫자판이 있습니다. 이 금고는 25개의 단추를 모두 한 번씩 누르고 마지막으로 F 표시가 있는 단추를 눌러야 열립니다. 각 단추에 적힌 기호는 다음에 눌러야 할 단추의 이동 횟수와 위치를 표시합니다. 예를 들어, 한 단추에 1U(1up)라고 되어 있다면 이 단추를 누른 다음에는 그 단추에서 한 칸 위에 있는 단추를 누르라는 뜻입니다. L(left)은 왼쪽, R(right)은 오른쪽, D(down)는 아래쪽을 뜻합니다. 어느 단추를 처음에 눌러야 금고를 열 수 있을까요?

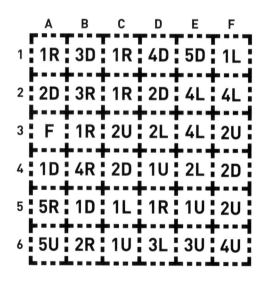

	A	B	C	D	E	F
1	1R	3D	1R	4D	5D	1L
2	2D	3R	1R	2D	4L	4L
3	F	1R	2U	2L	4L	2U
4	1D	4R	2D	1U	2L	2D
5	5R	1D	1L	1R	1U	2U
6	5U	2R	1U	3L	3U	4U

A. 6행 B열   **B.** 2행 C열   **C.** 6행 D열

D. 3행 E열   **E.** 2행 F열   **F.** 4행 A열

답: 237쪽

맨 아래 왼쪽 동그라미에서 출발하여 맨 위 오른쪽 동그라미까지 이동할 수 있습니다. 이동은 서로 닿아 있는 동그라미로만 할 수 있습니다. 9개의 동그라미를 모아서 동그라미 안에 들어 있는 숫자를 더해보세요. 숫자의 합 중 가장 큰 값은 어느 것일까요?

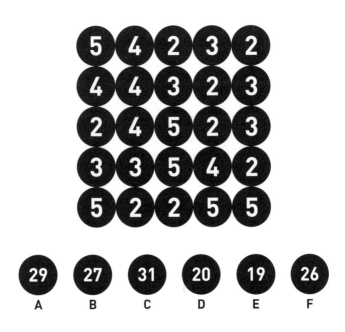

답: 238쪽

다음 16개의 상자에는 일정한 형태로 도형이 새겨져 있고, 열과
위치에 따른 이름이 있습니다. 예를 들어 제일 왼쪽 제일 위 상자
의 번호는 A1이 됩니다. B1 상자와 짝을 이룰 수 있는 형태를 가
진 상자는 어느 것일까요?

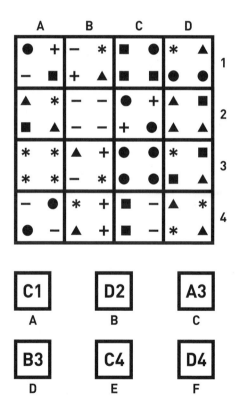

답: 238쪽

다음 그림에서 물음표 자리에 들어갈 화살표는 어느 것일까요?

답: 238쪽

다음 다트 판에 다트를 던져서 불발되는 일은 없다고 합니다. 모두 네 개의 다트를 던져서 합산 점수가 58이 되는 방법은 몇 가지가 될까요? 단, 다트를 던지는 순서는 상관없습니다.

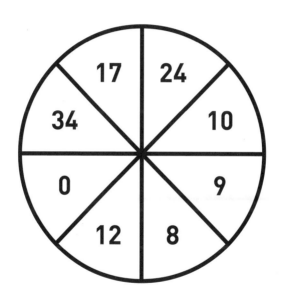

A. 1가지   **B.** 3가지   **C.** 10가지

D. 4가지   **E.** 8가지   **F.** 6가지

★ 239쪽에서 여러분의 IQ를 확인해보기 바랍니다.

답: 239쪽

다음 그림에서 삼각형은 일정한 규칙에 따라 변합니다. 다음 차례
에 올 삼각형은 어느 것일까요?

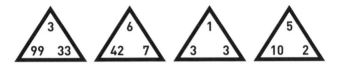

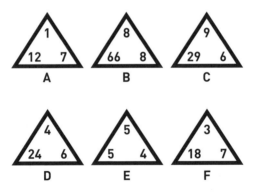

답: 240쪽

정가운데 있는 15에서 출발하여 선을 따라 연결된 자리들의 숫자를 더합니다. 출발한 자리부터 시작하여 네 개의 숫자를 골라 더했을 때 합이 50이 되도록 할 수 있는 방법은 몇 가지일까요? 단, 같은 숫자라도 순서가 다르면 다른 방법으로 인정합니다.

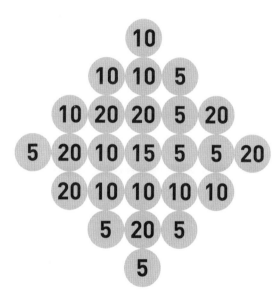

A. 5가지   **B.** 2가지   **C.** 3가지

D. 6가지   **E.** 7가지   **F.** 8가지

답: 240쪽

다음 그림에서 물음표 자리에 들어갈 숫자는 어느 것일까요?

2	2	5	7	0
4	9	5	7	?
7	2	1	4	6

1	3	8
A	B	C

9	6	4
D	E	F

답: 240쪽

다음 그림에서 물음표 자리에 들어갈 숫자는 어느 것일까요?

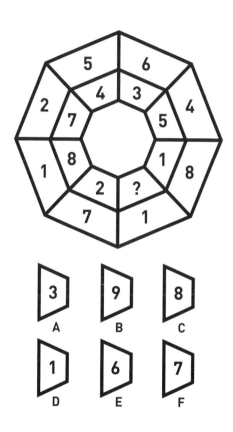

답: 210쪽

보기의 다섯 가지 도형을 빈칸에 채워 넣되, 세로, 가로, 대각선으로 같은 도형이 들어가서는 안 됩니다. 반드시 한 번씩 있어서 다섯 개의 도형이 한 줄에 하나씩 있게 해야만 합니다. 그렇게 배열하려면, 물음표에 들어가야 할 도형은 보기 A~E 중 어느 것일까요?

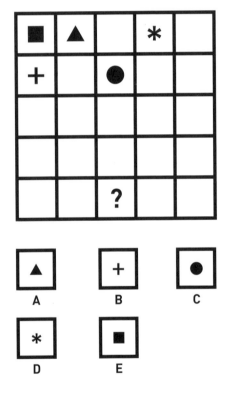

답: 241쪽

이상한 금고의 숫자판이 있습니다. 이 금고는 42개의 단추를 모두 한 번씩 누르고 마지막으로 F 표시가 있는 단추를 눌러야 열립니다. 각 단추에 적힌 기호는 다음에 눌러야 할 단추의 이동 횟수와 위치를 표시합니다. 예를 들어, 한 단추에 1U(1up)라고 되어 있다면 이 단추를 누른 다음에는 그 단추에서 한 칸 위에 있는 단추를 누르라는 뜻입니다. L(left)은 왼쪽, R(right)은 오른쪽, D(down)는 아래쪽을 뜻합니다. 어느 단추를 처음에 눌러야 금고를 열 수 있을까요?

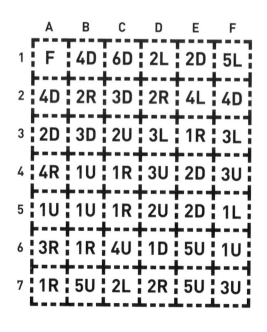

A. 2행 B열

B. 7행 D열

C. 1행 F열

D. 4행 C열

E. 6행 A열

F. 3행 E열

답: 241쪽

다음 그림에서 물음표 자리에 들어갈 도형은 어느 것일까요?

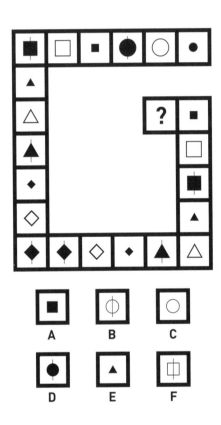

답: 241쪽

다음 그림에서 물음표 자리에 들어갈 숫자는 어느 것일까요?

8	4	2	2	4
9	1	1	2	2
?	2	1	0	2

9	3	6
A	B	C

5	8	7
D	E	F

답·241쪽

다음 그림에서 주어진 모양들을 이리저리 다시 맞추면 문자 하나를 만들 수 있습니다. 어떤 문자일까요?

A U   B W   C V

D N   E B   F C

답: 242쪽

다음 그림에서 사각형에 배열된 숫자들은 일정한 규칙을 따르고 있습니다. 물음표 자리에 어떤 숫자 조각을 채워 넣어야 할까요?

3	1	1	2	2
1	1	2	1	1
1	?	1	1	2
2	?	1	2	3
2	1	2	3	2

A
2
3

B
2
2

C
4
1

D
2
1

E
1
4

F
5
1

답: 242쪽

다음 다트 판에 다트를 던져서 불발되는 일은 없다고 합니다. 모두 다섯 개의 다트를 던져서 합산 점수가 99가 되는 방법은 몇 가지가 될까요? 단, 다트를 던지는 순서는 상관없습니다.

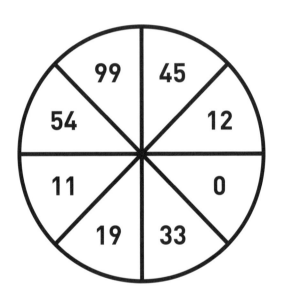

A. 3가지   **B.** 9가지   **C.** 7가지

D. 6가지   **E.** 12가지   **F.** 11가지

답: 242쪽

다음 16개의 상자에는 일정한 형태로 알파벳이 새겨져 있고, 열과 위치에 따른 이름이 있습니다. 예를 들어 제일 왼쪽 제일 위 상자의 번호는 A1이 됩니다. A4 상자와 짝을 이룰 수 있는 형태를 가진 상자는 어느 것일까요?

	A	B	C	D	
	+ ■ * / ● ▲ −	■ ● − / + * ■	● * + / + ■ ▲	● + − / − * ■	1
	* ● + / + ■ −	− * ■ / + − −	* − * / ▲ ● +	− + + / ▲ ● *	2
	▲ − * / − + ●	● + * / − ▲ ●	■ ● ■ / ● ■ ●	+ ■ + / ● ▲ −	3
	+ ● * / ▲ * −	− * ■ / + + ▲	− ● − / + ■ ▲	+ * * / * ▲ ■	4

A D3

B B4

C C2

D A1

E B1

F A3

답: 242쪽

다음 그림에서 물음표 자리에 들어갈 도형은 어느 것일까요?

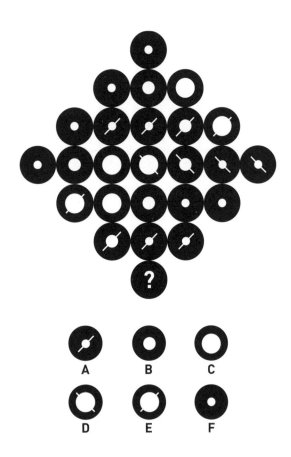

답: 243쪽

다음 그림에서 물음표 자리에 들어갈 숫자는 어느 것일까요?

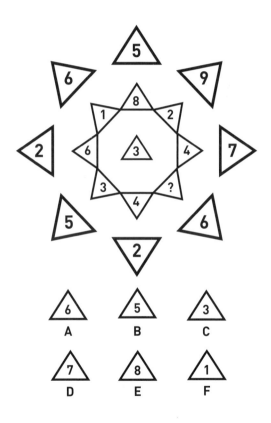

답: 243쪽

등식이 성립하려면 빈자리에 어떤 연산 기호를 차례로 넣어야 할
까요? 보기 A~F는 연산 기호를 차례로 표시한 것입니다.

| 28 | | 4 | | 8 | | 21 | | 5 | = | 58 |

– × + –
A

× + – ×
B

+ × + ×
C

÷ + + –
D

– ÷ × –
E

× – ÷ +
F

답: 243쪽

어느 주사위의 전개도입니다. 보기의 주사위들 중에는 이 전개도로 만들 수 없는 것이 있습니다. 보기 A~F 중 어느 것일까요?

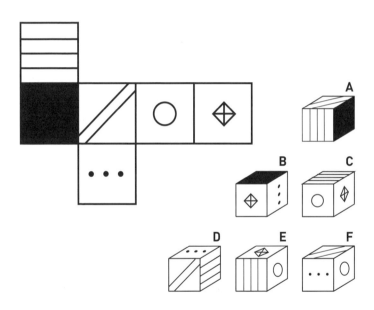

답: 243쪽

다음 그림에서 삼각형은 일정한 규칙에 따라 변합니다. 다음 차례
에 올 삼각형은 어느 것일까요?

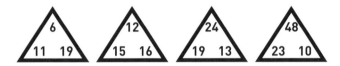

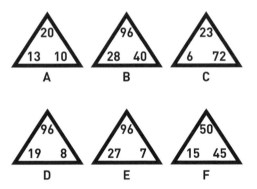

답: 243쪽

케이크를 완성하려면 물음표가 있는 곳에 어떤 조각을 채워 넣어야 될까요?

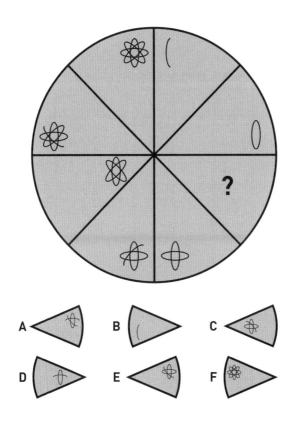

답: 244쪽

가로 직선, 세로 직선, 대각선으로 연결된 숫자 5개를 모두 더하면 45가 되도록 빈칸을 숫자로 채워야 합니다. 물음표 자리에 들어갈 숫자는 어느 것일까요?

11	12	13	0	
8	13	13	11	0
11	13			3
6				
	0	?	24	

5	2	3
A	**B**	**C**

4	1	6
D	**E**	**F**

답: 244쪽

이상한 금고의 숫자판이 있습니다. 이 금고는 17개의 단추를 모두 한 번씩 누르고 마지막으로 정가운데 F 표시가 있는 단추를 눌러야 열립니다. 각 단추에 적힌 기호는 다음에 눌러야 할 단추의 이동 횟수와 위치를 표시합니다. 예를 들어, 한 단추에 1c(1clock-wise)라고 되어 있다면 이 단추를 누른 다음에는 그 단추에서 시계 방향으로 한 칸 이동한 위치에 있는 단추를 누르라는 뜻입니다. a(anti-clockwise)는 시계 반대 방향, i(into)는 안쪽으로, o(out)는 바깥쪽으로라는 뜻이 됩니다. 어느 단추를 처음에 눌러야 금고를 열 수 있을까요?

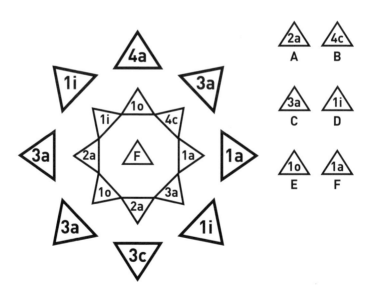

답: 245쪽

그림에 들어가 있는 문자들은 일정한 값을 가지고 있습니다. 당신의 추론 능력을 발휘해서 물음표 자리에 들어갈 숫자를 계산해보세요. 보기 중 어느 것일까요? 참고로, 표의 가로줄과 세로줄 끝에 있는 숫자는 각 줄의 기호가 갖고 있는 값을 모두 더한 값입니다.

Φ	Φ	Φ	γ	?
γ	γ	γ	η	29
τ	τ	τ	η	68
η	η	Φ	γ	
41			30	

A 35   B 20   C 25

D 27   E 31   F 32

다음 그림에서 사각형에 배열된 도형들은 일정한 규칙을 따르고
있습니다. 물음표 자리에 어떤 도형 조각을 채워 넣어야 할까요?

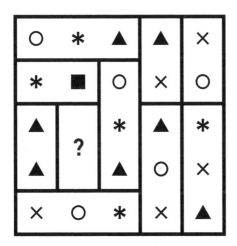

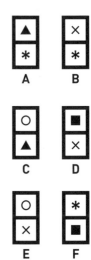

답 · 245쪽

다음 그림에서 주어진 모양들을 이리저리 다시 맞추면 숫자 하나
를 만들 수 있습니다. 어떤 숫자일까요?

A ⑧   B ①   C ②

D ③   E ④   F ⑥

답: 245쪽

다음 양팔 저울의 양쪽에 물건들이 있습니다. 첫 번째와 두 번째
저울처럼 균형을 이루게 하려면 세 번째 저울의 오른쪽 물음표 자
리에는 어느 것을 올려놓아야 할까요?

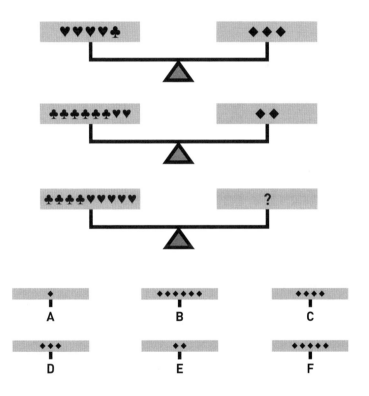

답: 245쪽

다음 그림의 네 귀퉁이에서 출발하여 네 개의 숫자를 선택해야 합니다. 출발점을 포함해 연결된 다섯 개의 숫자를 차례로 더합니다. 이렇게 더했을 때 합이 45가 되도록 하려면 물음표 자리에는 어떤 숫자가 들어가야 할까요?

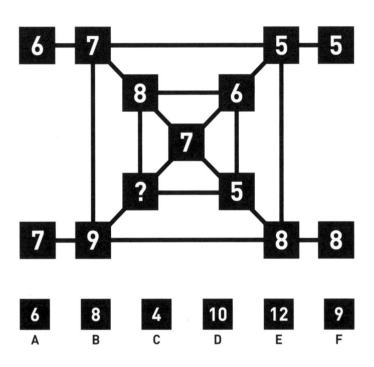

답: 245쪽

다음 그림에서 물음표 자리에 들어갈 숫자는 어느 것일까요?

4	2	7	1
1	9	5	4
3	5	8	7
2	7	6	?

8	2	9
A	B	C

1	6	5
D	E	F

답: 246쪽

등식이 성립하려면 빈자리에 어떤 연산 기호를 차례로 넣어야 할까요? 보기 A~F는 연산 기호를 차례로 표시한 것입니다.

| 9 | | 4 | | 2 | | 17 | | 16 | = | 8 |

+ ÷ − ×

A

× × ÷ ÷

B

÷ × − +

C

× − ÷ +

D

+ + − ×

E

− − × +

F

답: 246쪽

어느 주사위의 전개도입니다. 이 전개도로 만든 주사위는 보기
A~F 중 어느 것일까요?

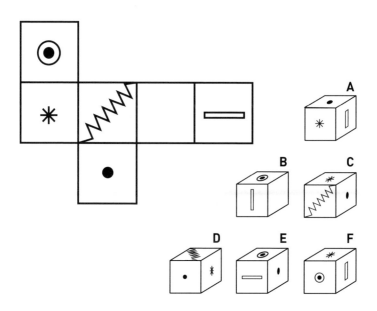

답: 246쪽

다음 표에서 숫자와 알파벳 글자 사이에는 일정한 규칙이 숨어 있습니다. 물음표에 들어갈 숫자는 어느 것일까요?

F	136	M
U	421	D
H	178	Q
O	115	A
X	?	I

672
A

834
B

411
C

295
D

118
E

924
F

답: 246쪽

아래 그림에서 다음에 올 시계는 어느 것일까요?

A   B   C

D   E   F

★247쪽에서 여러분의 IQ를 확인해보기 바랍니다.

답: 246쪽

다음 그림에서 물음표 자리에 들어갈 숫자는 어느 것일까요?

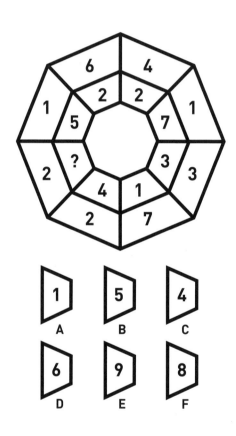

답: 248쪽

다음 그림에서 1에서 5까지의 숫자를 빈칸에 모두 채워 넣되, 가로, 세로, 대각선으로 같은 숫자를 넣으면 안 됩니다. 각 줄에는 숫자가 하나씩만 들어갈 수 있습니다. 물음표 자리에 들어갈 숫자는 어느 것일까요?

5	2	4	3	
1				
		?		

5		2		1
A		B		C

3		4
D		E

답: 248쪽

정가운데 있는 3에서 출발하여 선을 따라 연결된 자리들의 숫자를 더합니다. 출발한 자리부터 시작하여 네 개의 숫자를 골라 더했을 때 합이 13이 되게 할 수 있는 방법은 몇 가지일까요? 단, 같은 숫자라도 순서가 다르면 다른 방법으로 인정합니다.

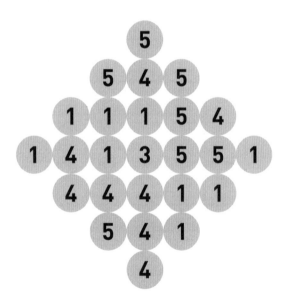

A. 1가지   **B.** 5가지   **C.** 3가지

D. 6가지   **E.** 7가지   **F.** 4가지

답: 248쪽

다음 그림에서 물음표 자리에 들어갈 숫자는 어느 것일까요?

9	5	4	8	1
8	9	6	3	1
7	5	?	2	3

3	2	6
A	**B**	**C**

9	5	1
D	**E**	**F**

답 : 249쪽

이상한 금고의 숫자판이 있습니다. 이 금고는 17개의 단추를 모두 한 번씩 누르고 마지막으로 정가운데 F 표시가 있는 단추를 눌러야 열립니다. 각 단추에 적힌 기호는 다음에 눌러야 할 단추의 이동 횟수와 위치를 표시합니다. 예를 들어, 한 단추에 1c(1clockwise)라고 되어 있다면 이 단추를 누른 다음에는 그 단추에서 시계 방향으로 한 칸 이동한 위치에 있는 단추를 누르라는 뜻입니다. a(anti-clockwise)는 시계 반대 방향, i(into)는 안쪽으로, o(out)는 바깥쪽으로라는 뜻이 됩니다. 어느 단추를 처음에 눌러야 금고를 열 수 있을까요?

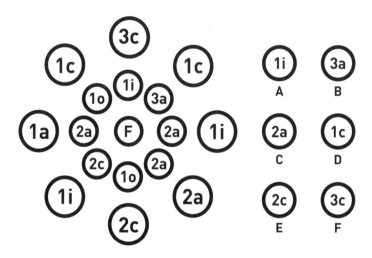

답: 249쪽

다음 그림에서 물음표 자리에 들어갈 모양은 어느 것일까요?

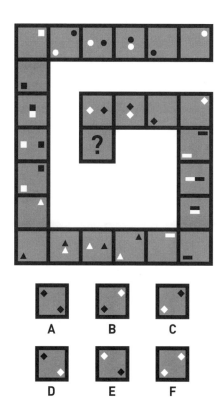

답: 249쪽

다음 표에서 숫자와 알파벳 글자 사이에는 일정한 규칙이 숨어 있습니다. 물음표에 들어갈 숫자는 어느 것일까요?

K	16
Y	2
P	11
E	22
L	?

15	13	11
A	B	C

18	8	6
D	E	F

답: 249쪽

아래 그림에서 다음에 올 시계는 어느 것일까요?

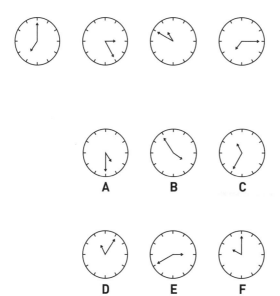

답: 250쪽

다음 그림에서 물음표 자리에 들어갈 숫자는 어느 것일까요?

7	5	3	4
9	7	2	8
6	8	7	2
4	5	3	?

4	7	3
A	B	C

9	6	8
D	E	F

답: 250쪽

그림에 들어가 있는 문자들은 일정한 값을 가지고 있습니다. 당신의 추론 능력을 발휘해서 물음표 자리에 들어갈 숫자를 계산해보세요. 보기 중 어느 것일까요? 참고로, 표의 가로줄과 세로줄 끝에 있는 숫자는 각 줄의 기호가 갖고 있는 값을 모두 더한 값입니다.

τ	Ψ	η	ϕ	**63**
ϕ	η	Ψ	Ψ	
τ	τ	τ	Ψ	**85**
η	ϕ	η	η	**?**
58	**63**	**61**		

A 33 **B** 30 **C** 38

D 31 **E** 36 **F** 34

답: 250쪽

맨 아래 왼쪽 동그라미에서 출발하여 맨 위 오른쪽 동그라미까지 이동할 수 있습니다. 이동은 서로 닿아 있는 동그라미로만 할 수 있습니다. 9개의 동그라미를 모아서 동그라미 안에 들어 있는 숫자를 더해보세요. 숫자의 합 중 가장 큰 값은 어느 것일까요?

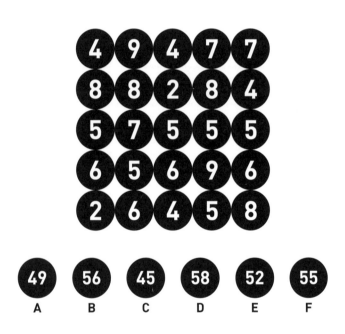

답: 250쪽

다음 양팔 저울의 양쪽에 물건들이 있습니다. 첫 번째와 두 번째 저울처럼 균형을 이루게 하려면 세 번째 저울의 오른쪽 물음표 자리에는 어느 것을 올려놓아야 할까요?

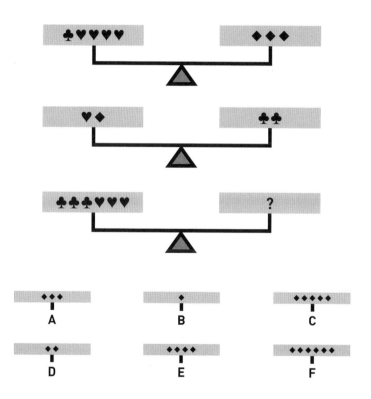

그림에 들어가 있는 문자들은 일정한 값을 가지고 있습니다. 당신의 추론 능력을 발휘해서 물음표 자리에 들어갈 숫자를 계산해보세요. 보기 중 어느 것일까요? 참고로, 표의 가로줄과 세로줄 끝에 있는 숫자는 각 줄의 기호가 갖고 있는 값을 모두 더한 값입니다.

V	V	B	N	60
H	H	N	B	32
V	B	N	B	
N	H	V	V	66
40		?		

A [40]   B [35]   C [49]

D [38]   E [52]   F [50]

답: 251쪽

이상한 금고의 숫자판이 있습니다. 이 금고는 25개의 단추를 모두 한 번씩 누르고 마지막으로 F 표시가 있는 단추를 눌러야 열립니다. 각 단추에 적힌 기호는 다음에 눌러야 할 단추의 이동 횟수와 위치를 표시합니다. 예를 들어, 한 단추에 1U(1up)라고 되어 있다면 이 단추를 누른 다음에는 그 단추에서 한 칸 위에 있는 단추를 누르라는 뜻입니다. L(left)은 왼쪽, R(right)은 오른쪽, D(down)는 아래쪽을 뜻합니다. 어느 단추를 처음에 눌러야 금고를 열 수 있을까요?

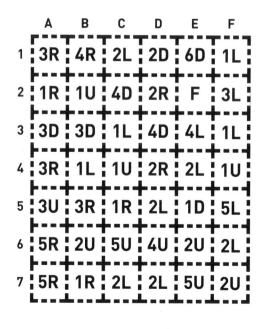

	A	B	C	D	E	F
1	3R	4R	2L	2D	6D	1L
2	1R	1U	4D	2R	F	3L
3	3D	3D	1L	4D	4L	1L
4	3R	1L	1U	2R	2L	1U
5	3U	3R	1R	2L	1D	5L
6	5R	2U	5U	4U	2U	2L
7	5R	1R	2L	2L	5U	2U

A. 2행 B열

B. 4행 3열

C. 1행 B열

D. 5행 C열

E. 6행 F열

F. 7행 D열

답: 251쪽

어느 주사위의 전개도입니다. 이 전개도로 만든 주사위는 보기 A~F 중 어느 것일까요?

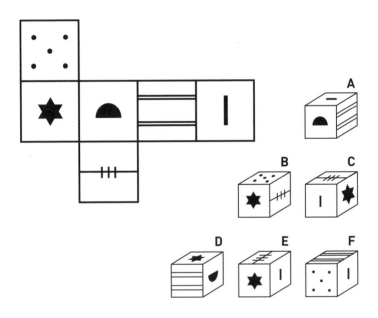

답: 251쪽

다음 그림에서 주어진 모양들을 이리저리 다시 맞추면 숫자 하나를 만들 수 있습니다. 어떤 숫자일까요?

A (2) B (9) C (8)

D (3) E (4) F (5)

답: 252쪽

맨 아래 왼쪽 동그라미에서 출발하여 맨 위 오른쪽 동그라미까지 이동할 수 있습니다. 이동은 서로 닿아 있는 동그라미로만 할 수 있습니다. 9개의 동그라미를 모아서 동그라미 안에 들어 있는 숫자를 더해보세요. 숫자의 합 중 가장 큰 값은 어느 것일까요?

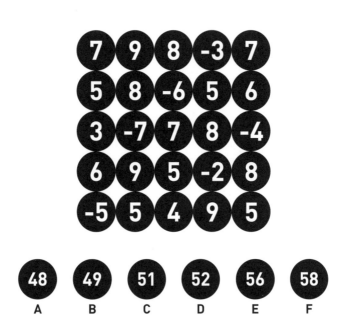

답: 252쪽

다음 그림에서 물음표 자리에 들어갈 도형은 어느 것일까요?

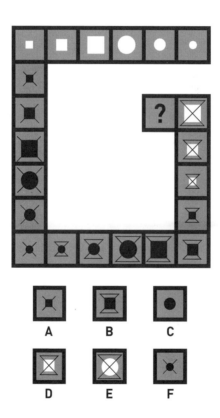

답: 252쪽

케이크를 완성하려면 물음표가 있는 곳에 어떤 조각을 채워 넣어야 될까요?

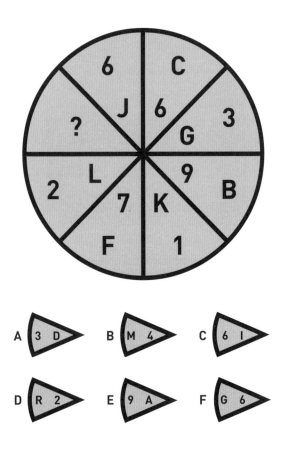

답: 252쪽

다음 16개의 상자에는 일정한 형태로 알파벳이 새겨져 있고, 열과 위치에 따른 이름이 있습니다. 예를 들어 제일 왼쪽 제일 위 상자의 번호는 A1이 됩니다. D2 상자와 짝을 이룰 수 있는 형태를 가진 상자는 어느 것일까요?

	A	B	C	D	
	■ 3 C	D ▲ 3	3 C D	■■■	1
	D ▲ 1	D 1 D	C ▲ ▲	3 3 3	
	1 3 1	C C 1	▲ ■ 1	3 ▲ C	2
	■■■	D D ■	1 1 1	▲ ■ 3	
	C 3 3	3 ▲ 3	C 3 C	▲ 3 3	3
	▲ ■ ▲	▲ 1 ▲	▲ C 1	3 ▲ C	
	■ ■ 1	▲ C ▲	1 C ▲	1 C 3	4
	▲ C 1	▲ D ▲	■ ▲ 1	■ 1 ■	

D4	**C1**	**B1**
A	B	C

B2	**A3**	**C2**
D	E	F

답: 252쪽

다음 그림에서 사각형에 배열된 숫자들은 일정한 규칙을 따르고 있습니다. 물음표 자리에 어떤 숫자 조각을 채워 넣어야 할까요?

9	1	6	5	**?**
1	6	8	2	
6	8	1	7	5
5	2	7	7	2
4	9	5	2	3

1 3	5 3
A	**B**

4 9	2 4
C	**D**

3 1	1 1
E	**F**

답: 253쪽

다음 표에서 숫자와 알파벳 글자 사이에는 일정한 규칙이 숨어 있습니다. 물음표에 들어갈 숫자는 어느 것일까요?

W	4	S
J	6	D
O	3	L
R	10	H
V	?	K

4
A

16
B

8
C

11
D

3
E

15
F

답: 253쪽

이상한 금고의 숫자판이 있습니다. 이 금고는 17개의 단추를 모두 한 번씩 누르고 마지막으로 정가운데 F 표시가 있는 단추를 눌러야 열립니다. 각 단추에 적힌 기호는 다음에 눌러야 할 단추의 이동 횟수와 위치를 표시합니다. 예를 들어, 한 단추에 1c(1clock-wise)라고 되어 있다면 이 단추를 누른 다음에는 그 단추에서 시계 방향으로 한 칸 이동한 위치에 있는 단추를 누르라는 뜻입니다. a(anti-clockwise)는 시계 반대 방향, i(into)는 안쪽으로, o(out)는 바깥쪽으로라는 뜻이 됩니다. 어느 단추를 처음에 눌러야 금고를 열 수 있을까요?

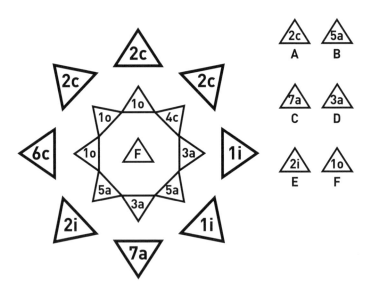

답: 253쪽

아래 그림에서 다음에 올 시계는 어느 것일까요?

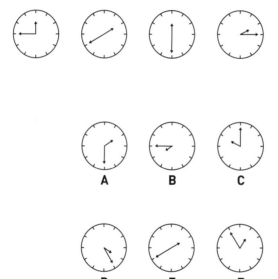

정가운데 있는 2에서 출발하여 선을 따라 연결된 자리들의 숫자를 더합니다. 출발한 자리부터 시작하여 네 개의 숫자를 골라 더했을 때 합이 39가 되도록 할 수 있는 방법은 몇 가지일까요? 단, 같은 숫자라도 순서가 다르면 다른 방법으로 인정합니다.

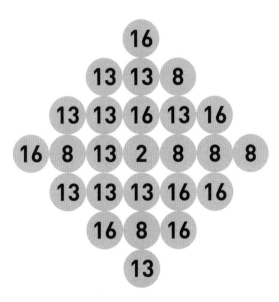

A. 5가지 **B.** 10가지 **C.** 8가지

D. 9가지 **E.** 6가지 **F.** 7가지

답: 254쪽

다음 양팔 저울의 양쪽에 물건들이 있습니다. 첫 번째와 두 번째 저울처럼 균형을 이루게 하려면 세 번째 저울의 오른쪽 물음표 자리에는 어느 것을 올려놓아야 할까요?

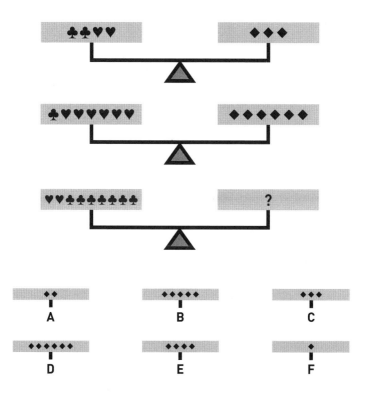

답: 254쪽

다음 그림에서 물음표 자리에 들어갈 모양은 어느 것일까요?

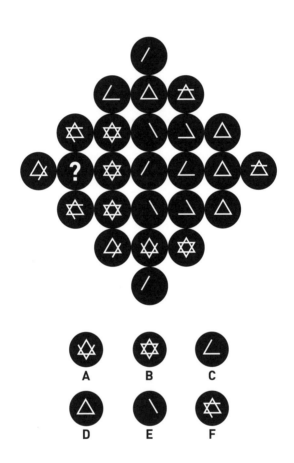

답: 254쪽

다음 그림에서 물음표 자리에 들어갈 숫자는 어느 것일까요?

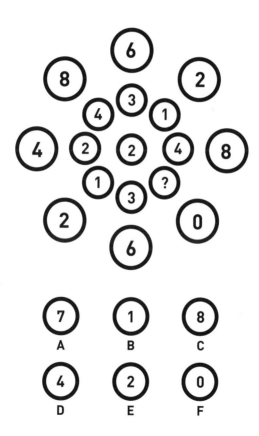

답: 254쪽

다음 그림에서 삼각형은 일정한 규칙에 따라 변합니다. 다음 차례
에 올 삼각형은 어느 것일까요?

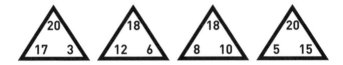

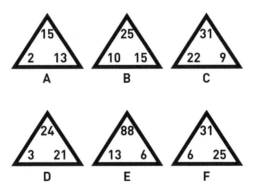

답: 255쪽

등식이 성립하려면 빈자리에 어떤 연산 기호를 차례로 넣어야 할까요? 보기 A~F는 연산 기호를 차례로 표시한 것입니다.

| 53 | | 35 | | 2 | | 4 | | 16 | = | 4 |

× × × ÷
A

+ − × ×
B

− − × ÷
C

− + − ×
D

÷ × − −
E

+ − × ÷
F

★256쪽에서 여러분의 IQ를 확인해보기 바랍니다,

답: 255쪽

해답 & IQ 측정

1-1 F

A+B+C=D

3+5+1=9

2+0+4=6

7+1+0=8

2+3+1=?

그러므로 ?=6

1-2 D

$\Psi=4$

$\Omega=5$

$\Xi=2$

$Z=3$

$Z+Z+\Psi+\Omega=?$

그러므로 ?=15

1-3 F

2행 C열에 있는 3D에서 시작한다.

3D → 1R → 1U → 1U → 3L → 1R → 1D → 1L → 2U → 3R
→ 2L → 3R → 2D → 2L → 3U → 2L → 3R → 2L → 4D → 1L
→ 4R → 4U → 2D → 2L → F

1-4 E

11+3+7=21

B

각 삼각형 안의 세 숫자를 모두 더한 합이 3부터 차례로 1씩 커진다.

1+1+1=3

2+2+0=4

3+1+1=5

0+2+4=6

3+3+1=7

B

알파벳의 순서대로 번호를 붙인 것이다.

A	B	C	D	E	F	G	H	I	J	K	L	M	N	O	P	Q	R	S	T	U	V	W	X	Y	Z
1	2	3	4	5	6	7	8	9	10	11	12	13	14	15	16	17	18	19	20	21	22	23	24	25	26

C

C

3+4+1+2=10

5+2+2+1=10

1+1+1+7=10

1+2+6+?=10

그러므로 ?=1

B

2시간씩 앞으로 간다.

그러므로 1시를 가리키는 시계가 답이다.

$3:00 \rightarrow 5:00 \rightarrow 7:00 \rightarrow 9:00 \rightarrow 11:00 \rightarrow 1:00$

1-10 E

1-11 F

$2 \rightarrow 4 \uparrow 4 \uparrow 4 \uparrow 4 \rightarrow 4 \rightarrow 4 \rightarrow 2 \uparrow 4$

$2+4+4+4+4+4+4+2+4=32$

1-12 D

사각형이 완성되면 1행과 1열, 2행과 2열, 3행과 3열, 4행과 4열, 5행과 5열이 같은 숫자 조합이다.

1-13 C

시계 방향으로 가면서 흑백이 교차되고 두 개씩 같은 도형이 나타난다.

1-14 D

가로, 세로, 대각선의 수를 합하면 20이 된다.

5	2	6	2	5
1	6	6	6	1
5	8	4	0	3
6	2	2	2	8
3	2	2	10	3

F

$2+8+?+4+6=28$

그러므로 $?=8$

TEST 1 IQ 측정

이번 테스트에서 맞힌 문제 개수로 나의 IQ를 알아볼 수 있습니다.

맞힌 문제 개수	IQ 지수	백분율
15	130	90
14	125	85
13	122	80
12	117	75
11	115	70
10	112	65
9	108	60
8	105	55
7	100	50
6	95	45
5	90	40

2-1 F

■ → ● → ▲ 로 반복됩니다.

2-2 A

♣=6　　♥=5　　◆=2

$2×6=12=2×5+2$

$3×6=18=2×5+4×2$

$6×5=30=5(♥)×4+2(◆)×5$

2-3 F

$25+0+0=25$

$20+5+0=25$

$10+10+5=25$

$10+8+7=25$

$9+9+7=25$

$9+8+8=25$

2-4 E

문자가 3가지 나타나며, B가 빠진 칸이다.

2-5 C

안쪽 숫자와 바깥쪽 숫자를 더하면 10이 된다.

$5+5=9+1=8+2=3+?=10$

그러므로 $?=7$

B

1에서 16까지 순서대로 위와 아래에서 두 번 배열된다.

$5 \rightarrow 6 \rightarrow 7 \rightarrow 8 \rightarrow ?$

그러므로 ?=9

C

1	2	3	4	5
4	5	1	2	3
2	3	4	5	1
5	1	2	3	4
3	4	5	1	2

D

두 번째 열과 세 번째 열의 합이 첫 번째 열이다.

6=5+1

3=1+2

1=0+1

4=2+2

9=8+?

그러므로 ?=1

C

$1 \rightarrow 2 \downarrow 5 \downarrow 3 = 11$

$1 \rightarrow 2 \downarrow 5 \leftarrow 3 = 11$

$1 \downarrow 3 \rightarrow 5 \uparrow 2 = 11$

$1 \uparrow 5 \rightarrow 3 \rightarrow 2 = 11$
$1 \uparrow 5 \rightarrow 3 \uparrow 2 = 11$
$1 \rightarrow 3 \rightarrow 5 \uparrow 2 = 11$

2-10 E

10시 반 방향의 2a부터 시작한다.

$2a \rightarrow 3a \rightarrow 2c \rightarrow 5c \rightarrow 2c \rightarrow 1o \rightarrow 1c \rightarrow 1c \rightarrow 3a \rightarrow 4c \rightarrow 1i \rightarrow$
$2c \rightarrow 1o \rightarrow 1a \rightarrow 2c \rightarrow 2i \rightarrow F$

2-11 E

사각형을 이루는 네모칸 중 왼쪽에서부터 두 개를 합한 값과 오른쪽에서부터 두 개를 합한 값이 각각 9이다.

$6+3=1+8$
$5+4=2+7$
$0+9=4+5$
$7+2=8+?$
그러므로 $?=1$

2-12 F

각 삼각형 안에 있는 수의 합이 2씩 차례로 커진다.

$1+2+1=4$
$2+2+2=6$
$1+3+4=8$
$4+2+4=10$
$2+9+1=12$

2-13 C

$13-2-4=7$

2-14 A

옆에 있는 숫자는 알파벳 순서를 나타낸다.

A	B	C	D	E	F	G	H	I	J	K	L	M	N	O	P	Q	R	S	T	U	V	W	X	Y	Z
1	2	3	4	5	6	7	8	9	10	11	12	13	14	15	16	17	18	19	20	21	22	23	24	25	26

2-15 A

TEST 2 IQ 측정

이번 테스트에서 맞힌 문제 개수로 나의 IQ를 알아볼 수 있습니다.

맞힌 문제 개수	IQ 지수	백분율
15	130	90
14	125	85
13	122	80
12	117	75
11	115	70
10	112	65
9	108	60
8	105	55
7	100	50
6	95	45
5	90	40

3-1 C

$\alpha=4$ $\beta=7$ $\chi=5$ $\delta=8$

$4+4+4+4=16$

$7+7+8+5=?$

$4+7+5+5=21$

$4+7+4+7=22$

$4+8+8+5=25$

그러므로 ?=27

3-2 A

♣=2   ♥=1   ◆=3

$2+1=3$

$3\times2=6=2+1\times4$

$3\times3=2(♣)\times2+1(♥)\times5=9$

3-3 E

3-4 B

세로줄의 숫자 네 개를 모두 더하면 각각 15가 나온다.

$6+2+3+4=15$

$1+5+5+4=15$

$7+2+5+1=15$

$3+8+1+?=15$

그러므로 ?=3

3-5 C

9시 방향의 4a부터 시작한다.

$4a \rightarrow 2c \rightarrow 3c \rightarrow 1o \rightarrow 2a \rightarrow 1i \rightarrow 2a \rightarrow 1o \rightarrow 6c \rightarrow 1i \rightarrow 1a \rightarrow$
$1o \rightarrow 4c \rightarrow 2a \rightarrow 4a \rightarrow 2i \rightarrow F$

3-6 D

가로줄에 있는 숫자들을 모두 더하면 각각 9가 나온다.

$9 = 4+1+4=2+3+1+? +1=1+2+1+1+2+1+1$

그러므로 ?=2

3-7 A

바깥쪽 큰 삼각형의 숫자와 안쪽 작은 삼각형의 숫자를 더하면 중앙에 있는 숫자 10이 된다.

$7+3=5+5=6+4=1+?=10$

그러므로 ?=9

3-8 E

시계 방향으로 안쪽과 바깥쪽 수의 합이 3부터 1씩 차례로 커진다.

$2+1=3$
$1+3=4$
$2+3=5$
$5+1=6$
$4+3=7$
$2+6=8$
$5+4=9$
$7+?=10$

그러므로 ?=3

B

네모칸에 들어 있는 도형이 같다.

E

123+0+0=123

100+23+0=123

100+12+11 =123

60+60+3=123

D

1행 E열에 있는 3D에서 시작한다.

3D → 1L → 3U → 4D → 3U → 1R → 3D → 2U → 1L → 2L
→ 1U → 2D → 1R → 1D → 3U → 3R → 5L → 3D → 1R →
4U → 4R → 4D → 1U → 5L → 3U → 2D → 5R → 3L → 2U
→ F

F

바깥쪽 사다리꼴 안의 숫자와 안쪽 사다리꼴 안의 숫자를 더하면
각각 13이 된다.

12+1=5+8=2+?=13

그러므로 ?=11

A

가로줄을 기준으로 첫 번째 오는 숫자에서 두 번째 숫자를 뺀 다
음 세 번째 숫자를 더하면 네 번째 숫자가 나온다.

1-0+3=4

8-4+2=6

6-2+3=7

9−5+2=?
그러므로 ?=6

3-14 E

∗ → ▲ → ■ → ● → ∗ 순으로 이어진다.

3-15 E

각 열에서 첫 번째 수와 두 번째 수를 더하면 세 번째 수가 된다.

2+5=7
1+1=2
2+2=4
1+7=8
?+3=6
그러므로 ?=3

3-16 C

사각형이 완성되면 1행과 1열, 2행과 2열, 3행과 3열, 4행과 4열, 5행과 5열이 같은 숫자 조합이다.

3-17 B

3-18 E

2↑2↑3↑5 → 5↑3 → 5 → 2 → 3=30

3-19 E

♣=8   ♥=6   ◆=7
3×8+3×6=43=6×7

$$3 \times 6 + 2 \times 7 = 4 \times 8$$
$$8 \times 4 + 6 \times 4 = 56 = 8 \times 7 (\blacklozenge)$$

3-20 D

시계가 단계마다 2시간, 3시간, 4시간, 5시간, 6시간 앞으로 나간다.

그러므로 9시를 가리키는 시계가 답이다.

TEST 3 IQ 측정

이번 테스트에서 맞힌 문제 개수로 나의 IQ를 알아볼 수 있습니다.

맞힌 문제 개수	IQ 지수	백분율
20	138	95
19	136	94
18	134	93
17	132	92
16	131	91
15	130	90
14	125	85
13	122	80
12	117	75
11	115	70
10	112	65
9	108	60
8	105	55
7	100	50
6	95	45
5	90	40

TEST4 해답 & IQ 측정

4-1 A

9×3+17=44

4-2 B

1 ↑ 6 ↑ 3 ↑ 2

1 ↑ 6 ↑ 3→2

1→3→6 ↑ 2

1→3 ↑ 6→2

1→3 ↑ 6 ↑ 2

1←3←2←6

1←3 ↓ 6→2

1 ↓ 2←6←3

1 ↓ 2←6 ↑ 3

4-3 B

각 삼각형의 아래 밑변에 있는 두 수를 곱한 수가 위쪽 꼭짓점에 있는 수가 된다.

15=7+8

5=3+2

10=6+4

9=1+8

16=12+4

4-4 F

단계마다 8시간씩 늘어난다. (또는 4시간 전으로 돌아간다.)

그러므로 8시를 가리키는 시계가 답이다.

$12:00 \rightarrow 8:00 \rightarrow 4:00 \rightarrow 12:00 \rightarrow 8:00$

4-5 C

각 행에서 A열+B열=C열+D열

$7+9=8+8$

$3+9=5+7$

$1+6=3+4$

$2+2=1+?$

그러므로 ?=3

4-6 E

2행 A열에 있는 1D에서 시작한다.

$1D \rightarrow 3R \rightarrow 1R \rightarrow 3L \rightarrow 1R \rightarrow 1D \rightarrow 1R \rightarrow 2L \rightarrow 1D \rightarrow 3R$
$\rightarrow 3U \rightarrow 3L \rightarrow 1U \rightarrow 2R \rightarrow 1D \rightarrow 3D \rightarrow 3L \rightarrow 1U \rightarrow 4R \rightarrow$
$3U \rightarrow 4L \rightarrow 2R \rightarrow 4D \rightarrow 3U \rightarrow F$

4-7 D

$3+9+?+4+7=33$

그러므로 ?=10

4-8 A

사각형이 완성되면 1행과 1열, 2행과 2열, 3행과 3열, 4행과 4열, 5행과 5열이 같은 숫자 조합이다.

4-9 C

$2 \rightarrow 3 \uparrow 3 \uparrow 3 \uparrow 3 \rightarrow 2 \rightarrow 3 \uparrow 3 \rightarrow 2 = 24$

4-10　C

4-11　D

C2와 D1만 세 개의 수 1, 2, 4를 가지고 있다.

4-12　D

50+10+0=60

50+5+5=60

45+15+0=60

45+10+5=60

25+25+10=60

25+20+15=60

20+20+20=60

4-13　A

α=6

β=3

χ=7

δ=10

7+10+10+10=37

4-14　B

✕ → ■ → ✕ → ● 가 연속해서 나타난다.

D

1	2	3	4	5
3	4	5	1	2
5	1	2	3	4
2	3	4	5	1
4	5	1	2	3

F

바깥 원에 있는 수에서 안쪽 원의 수를 빼면 가운데 수 6이 된다.

7−1=6

15−?=6

12−6=6

8−2=6

13−7=6

9−3=6

10−4=6

11−5=6

그러므로 ?=9

A

8	2	7	1	7
2	7	7	8	1
8	9	5	1	2
4	2	3	3	13
3	5	3	12	2

B

시계 반대 방향으로 숫자는 왼쪽에 있는 도형을 형성하는 선의 개
수를 나타낸다.

C

각 열에서 두 번째 행의 수에서 첫 번째 행의 수를 빼면 세 번째 행
의 수가 된다.

8−5=3

9−9=0

6−1=5

4−2=2

3−1=?

그러므로 ?=2

E

왼쪽과 오른쪽에 있는 글자의 알파벳 순서에 해당하는 숫자를 나
란히 배열하면 중앙의 숫자가 나온다.

A	B	C	D	E	F	G	H	I	J	K	L	M	N	O	P	Q	R	S	T	U	V	W	X	Y	Z
1	2	3	4	5	6	7	8	9	10	11	12	13	14	15	16	17	18	19	20	21	22	23	24	25	26

TEST 4 IQ 측정

이번 테스트에서 맞힌 문제 개수로 나의 IQ를 알아볼 수 있습니다.

맞힌 문제 개수	IQ 지수	백분율
20	138	95
19	136	94
18	134	93
17	132	92
16	131	91
15	130	90
14	125	85
13	122	80
12	117	75
11	115	70
10	112	65
9	108	60
8	105	55
7	100	50
6	95	45
5	90	40

5-1 B

3시 방향에 있는 작은 2c에서 시작한다.

2c → 1o → 4a → 1i → 1a → 1o → 2c → 4a → 1i → 1c → 1o →
4c → 1c → 1i → 2a → 1i → F

5-2 B

■	▲	✚	✳	●
✚	✳	●	■	▲
●	■	▲	✚	✳
▲	✚	✳	●	■
✳	●	■	▲	✚

5-3 A

숫자는 앞쪽에 있는 알파벳의 순서를 나타낸다.

A	B	C	D	E	F	G	H	I	J	K	L	M	N	O	P	Q	R	S	T	U	V	W	X	Y	Z
1	2	3	4	5	6	7	8	9	10	11	12	13	14	15	16	17	18	19	20	21	22	23	24	25	26

5-4 F

4 → 5 → 8 ↑ 7 = 24
4 → 5 ↑ 8 → 7 = 24

$4 \uparrow 5 \rightarrow 8 \rightarrow 7 = 24$

$4 \uparrow 5 \uparrow 7 \rightarrow 8 = 24$

$4 \uparrow 5 \leftarrow 8 \uparrow 7 = 24$

$4 \leftarrow 8 \downarrow 7 \downarrow 5 = 24$

$4 \downarrow 8 \leftarrow 5 \uparrow 7 = 24$

5-5 F

8	3	9	0	10
4	7	10	9	0
7	8	6	4	5
9	3	2	5	11
2	9	3	12	4

5-6 C

세로줄의 합이 모두 8이다.

$4 + 1 + 3 = 8$

$1 + 2 + 1 + 1 + 3 = 8$

$2 + 1 + 1 + 1 + 1 + 1 + 1 = 8$

$2 + ? + 2 + 1 + 2 = 8$

$1 + 5 + 2 = 8$

그러므로 ? = 1

5-7 E

●	■	▲	+	*
+	*	●	■	▲
■	▲	+	*	●
*	●	■	▲	+
▲	+	*	●	■

5-8 B

바깥 원은 1에서 시작하여 시계 방향으로 각 수가 2, 3, 4, 5…씩 커진다.

$1 \to 3 \to 6 \to 10 \to 15 \to 21 \to 28 \to 36$

안쪽 원은 45부터 시작하여 시계 방향으로 각 수가 10, 11, 12, 13…씩 커진다.

$45 \to 55 \to ? \to 78 \to 91 \to 105 \to 120 \to 136$

그러므로 ?=66

5-9 C

문자 구성이 A A B D로 같습니다.

5-10 D

$40+22+4+0=66$

$40+11+11+4=66$

$31+31+4+0=66$

$22+22+22+0=66$

$22+22+11+11=66$

$40+10+10+6=66$

B

안쪽과 바깥쪽의 합이 시계 방향으로 2씩 증가한다.

1+4=5

4+3=7

1+8=9

6+5=11

8+5=13

6+9=15

9+8=17

13+?=19

그러므로 ?=6

F

사각형이 완성되면 1행과 1열, 2행과 2열, 3행과 3열, 4행과 4열, 5행과 5열이 같은 숫자 조합이다.

D

각 문자는 어떤 값을 가지고 있다. 문자가 16개나 되므로 주어진 정보로는 모든 문자의 값을 알아낼 수 없다. 하지만 그 합은 세로로 더하든지 가로로 더하든지 같은 값을 가져야 한다.

22+14+20+30=86

5+11+32+?=86

그러므로 ?=38

E

4행 E열에 있는 4L에서 시작한다.

4L → 1R → 2R → 1U → 1L → 1U → 1L → 3R → 1D → 4L →
1R → 2D → 4U → 3R → 4L → 4D → 4R → 1R → 2U → 1D

$$\to 2U \to 5L \to 3R \to 3D \to 4U \to 2R \to 3L \to 3D \to 1D \to F$$

5-15 A

$$5\uparrow 4\uparrow 5\uparrow 6\to 6\to 6\uparrow 5\to 6\to 6=49$$

5-16 E

$$8-3-4=1$$
$$6-1-2=3$$
$$9-2-0=7$$
$$5-1-1=?$$
그러므로 ?=3

5-17 B

$$5+5+7+2+?=20$$
그러므로 ?=1

5-18 C

♣ $=4$ ♥ $=3$ ◆ $=1$
$$4\times 4=16=3(♥)\times 5+1(◆)$$

5-19 D

7시 반 방향에 있는 1o부터 시작한다.

$$1o \to 2c \to 1i \to 3a \to 1o \to 2c \to 3a \to 1i \to 1a \to 4c \to 5a \to$$
$$1o \to 1c \to 2a \to 1i \to 1i \to F$$

5-20 F

$$84 \div 7 \times 3=36$$

A

각 삼각형에서 왼쪽 변의 두 수를 더하면 오른쪽 밑각에 있는 수
가 된다.

6+2=8

3+4=7

2+10=12

1+1=2

4+5=9

C

A+X=1+24=25

A	B	C	D	E	F	G	H	I	J	K	L	M	N	O	P	Q	R	S	T	U	V	W	X	Y	Z
1	2	3	4	5	6	7	8	9	10	11	12	13	14	15	16	17	18	19	20	21	22	23	24	25	26

B

분침은 10분씩, 시침은 1시간씩 앞으로 이동한다.

그러므로 7시 50분을 가리키는 시계가 답이다.

$2:00 \rightarrow 3:10 \rightarrow 4:20 \rightarrow 5:30 \rightarrow 6:40 \rightarrow 7:50$

F

두 가지 풀이가 가능하다.

(1) 각 열에서 두 번째 행의 수와 세 번째 행의 수를 합한 뒤에 첫
번째 행의 수를 빼면 네 번째 행의 수가 된다.

3+8-9=2

1+8-7=2

4+7−8=3

3+6−5=?

그러므로 ?=4

(2) 표를 사등분하여 각 네 개의 숫자를 각각 합하면 20이 된다.

9+7+3+1=20

8+5+4+3=20

8+8+2+2=20

7+6+3+?=20

그러므로 ?=4

5-25 D

5-26 A

5-27 F

4 → 2 → 3 ↑ 1=10

4 → 2 ↑ 3 → 1=10

4 ↑ 2 → 3 → 1=10

4 ↑ 2 ↑ 3 ↑ 1=10

4 ↑ 2 ← 3 ← 1=10

4 ← 2 ↑ 3 ← 1=10

4 ← 2 ↓ 1 → 3=10

4 ↓ 3 ← 1 ↑ 2=10

4 ↓ 3 ← 1 ← 2=10

4 ↓ 3 → 2 ↓ 1=10

4 → 2 ↓ 2 → 2=10

A

12	10	14	2	12
7	14	14	14	1
12	18	10	2	8
11	6	6	6	21
8	2	6	26	8

A

● → ■ → ▲ → ● → ★ → ◆ 순서가 반복된다.

E

9	8	11	0	7
1	11	11	9	3
7	11	7	3	7
11	5	3	3	13
7	0	3	20	5

TEST 5 IQ 측정

이번 테스트에서 맞힌 문제 개수로 나의 IQ를 알아볼 수 있습니다.

맞힌 문제 개수	IQ 지수	백분율
30	161	99
29	160	99
28	157	99
27	155	99
26	154	98
25	152	98
24	150	98
23*	148*	98*
22	143	97
21	140	96
20	138	95
19	136	94
18	134	93
17	132	92
16	131	91
15	130	90
14	125	85
13	122	80
12	117	75
11	115	70
10	112	65
9	108	60
8	105	55
7	100	50
6	95	45
5	90	40

23개 이상의 문항을 맞혀서 IQ 지수 148, 백분율 98% 이상이 되면 멘사 수준이 됩니다. 멘사코리아에 가입을 위한 시험에 대해 문의해보세요.

6-1 E

케이크의 아래쪽 조각 안의 숫자 합이 위쪽 조각 안의 숫자 합보
다 하나씩 크다.

$(7+2) - (5+3) = 1$

$(3+2) - (3+1) = 1$

$(4+3) - (1+5) = 1$

$(2+?) - (6+3) = 1$

그러므로 ? = 8

6-2 C

$5+9+8+9+? = 41$

그러므로 ? = 10

6-3 F

6-4 B

11	10	7	2	10
12	8	11	9	0
8	10	8	6	6
3	7	6	7	17
6	5	6	16	7

6-5 F

4시 반 방향의 안쪽에 있는 2c부터 시작한다.

2c → 3a → 2c → 2c → 2c → 1c → 2a → 1o → 5a → 7c → 6a →
2c → 1c → 2c → 4a → 2i → F

6-6 D

♣ =5   ♥ =7   ♦ =4

$5 \times 3 = 7 + (4 \times 2)$

$(4 \times 3) + (5 \times 2) = (5 \times 3) + 7$

$(7(♥) \times 3) + 4(♦) = 5(♣) \times 5$

6-7 F

케이크 조각의 무늬가 마주 보고 있는 것끼리 같고 서로 끝에 있
는 것과 서로 중앙에 있는 것이 교차된다.

6-8 F

첫 번째 열의 수에서 두 번째 열의 수를 빼면 세 번째 수가 나온다.

$63941 - 58763 = ?5178$

그러므로 ?=0

6-9 A

6-10 D

$5 \uparrow 4 \rightarrow 5 \uparrow 6 \uparrow 6 \rightarrow 5 \rightarrow 4 \rightarrow 6 \rightarrow 6 = 47$

6-11 B

사각형이 완성되면 1행과 1열, 2행과 2열, 3행과 3열, 4행과 4열, 5행과 5열이 같은 기호 조합이다.

6-12 F

한 칸에 있는 네 개의 수가 모두 다르지만 조합이 같다.

D4 : 3, 5, 2, 1

B1 : 5, 1, 2, 3

6-13 C

$50+35+0+0 = 85$

$50+20+15+0=85$

$45+40+0+0=85$

$45+25+15+0=85$

$45+20+20+0=85$

$40+25+20+0=85$

$40+15+15+15=85$

$35+35+15+0=85$

$35+25+25+0=85$

$35+20+15+15=85$

$25+25+20+15+85$

$25+20+20+20=85$

6-14 A

안쪽과 바깥쪽 수를 합하면 서로 마주 보는 블록끼리 같아진다.

6+1=3+4
5+4=3+6
8+7=9+6
7+4=?+3
그러므로 ?=8

6-15 E

바깥쪽 큰 원의 수 여덟 개를 더하면 중앙에 있는 24가 된다. 안쪽 작은 원의 수 여덟 개를 모두 더해도 역시 24가 된다.

1+3+4+2+3+4+5+2=24
6+3+1+2+1+4+?+2=24
그러므로 ?=5

6-16 D

1	2	3	4	5
4	5	1	2	3
2	3	4	5	1
5	1	2	3	4
3	4	5	1	2

6-17 E

왼쪽과 오른쪽 글자의 알파벳 순서에 해당하는 숫자 두 개 가운데 큰 수에서 작은 수를 빼면 중앙에 있는 수가 나온다.

26−3=23

A	B	C	D	E	F	G	H	I	J	K	L	M	N	O	P	Q	R	S	T	U	V	W	X	Y	Z
1	2	3	4	5	6	7	8	9	10	11	12	13	14	15	16	17	18	19	20	21	22	23	24	25	26

6-18 C

각 삼각형의 아래 밑변에 있는 두 수를 곱한 수가 위쪽 꼭짓점에 있는 수가 된다.

$8 \times 2 = 16$

$3 \times 4 = 12$

$1 \times 6 = 6$

$5 \times 3 = 15$

$9 \times 0 = 0$

6-19 B

$K = 11$

$\Lambda = 12$

$O = 15$

$\Pi = 16$

$12 + 15 + 16 + 15 = 58$

6-20 D

각 열에서 첫 번째 행의 수에 두 번째 행의 수를 곱한 다음 세 번째 행의 수를 더하면 마지막 행의 수가 된다.

$2 \times 3 + 2 = 8$

$1 \times 8 + 1 = 9$

$3 \times 0 + 3 = 3$

$1 \times 1 + 4 = ?$

그러므로 $? = 5$

E

시간이 55분씩 앞으로 간다.

그러므로 5시 35분을 가리키는 시계가 답이다.

$1:00 \rightarrow 1:55 \rightarrow 2:50 \rightarrow 3:45 \rightarrow 4:40 \rightarrow 5:35$

D

B

서로 마주 보는 조각 안에 있는 수의 합이 같다.

$8+7=9+6=15$

$4+2=1+5=6$

$6+7=8+?=13$

그러므로 ?=5

D

★ → ● → ▲ → ◆ → ■ → ◆ → ▲ → ● 순으로 이어진다.

B

$\{(8+7) \div 3-1\} \times 19=76$

B

2행 C열에 있는 1R에서 시작한다.

$1R \rightarrow 2D \rightarrow 1U \rightarrow 2L \rightarrow 1R \rightarrow 2U \rightarrow 1R \rightarrow 4D \rightarrow 1R \rightarrow 1U$
$\rightarrow 2L \rightarrow 2D \rightarrow 1U \rightarrow 1L \rightarrow 1D \rightarrow 2R \rightarrow 3L \rightarrow 5U \rightarrow 1R \rightarrow$
$3D \rightarrow 4R \rightarrow 2D \rightarrow 4U \rightarrow 4L \rightarrow 3R \rightarrow 4L \rightarrow 2D \rightarrow 1D \rightarrow 5R$
$\rightarrow 2U \rightarrow 2U \rightarrow 1L \rightarrow 5D \rightarrow 3U \rightarrow 4L \rightarrow F$

C

$5\uparrow3 \rightarrow 3 \rightarrow 5\uparrow5\uparrow3\uparrow2 \rightarrow 3 \rightarrow 2=31$

D

두 개 블록만이 네 가지 다른 도형을 가지고 있는 것 중에서 구성이 같다.

C

E

$34+24+0+0=58$
$34+12+12+0=58$
$34+8+8+8=58$
$24+24+10+0=58$
$24+17+17+0=58$
$24+17+9+8=58$
$24+12+12+10=58$
$17+17+12+12=58$

TEST 6 IQ 측정

이번 테스트에서 맞힌 문제 개수로 나의 IQ를 알아볼 수 있습니다.

맞힌 문제 개수	IQ 지수	백분율
30	161	99
29	160	99
28	157	99
27	155	99
26	154	98
25	152	98
24	150	98
23*	148*	98*
22	143	97
21	140	96
20	138	95
19	136	94
18	134	93
17	132	92
16	131	91
15	130	90
14	125	85
13	122	80
12	117	75
11	115	70
10	112	65
9	108	60
8	105	55
7	100	50
6	95	45
5	90	40

23개 이상의 문항을 맞혀서 IQ 지수 148, 백분율 98% 이상이 되면 멘사 수준이 됩니다. 멘사코리아에 가입을 위한 시험에 대해 문의해보세요.

7-1 D

각 삼각형의 맨 위에 있는 숫자로 왼쪽 아래의 숫자를 나누면 오른쪽 아래의 숫자가 나온다.

$99 \div 33 = 3$

$42 \div 7 = 6$

$3 \div 3 = 1$

$10 \div 2 = 5$

$24 \div 6 = 4$

7-2 A

$15 \uparrow 20 \uparrow 10 \rightarrow 5 = 50$

$15 \downarrow 10 \downarrow 20 \downarrow 5 = 50$

$15 \downarrow 10 \downarrow 20 \rightarrow 5 = 50$

$15 \downarrow 10 \downarrow 20 \leftarrow 5 = 50$

$15 \leftarrow 10 \leftarrow 20 \leftarrow 5 = 50$

7-3 E

첫 번째 열의 수와 두 번째 열의 수를 합하면 세 번째 행의 수가 된다.

$22570 + 4957? = 72146$

그러므로 ? = 6

7-4 C

마주 보는 방향의 두 수를 각각 합하면 같은 수가 된다.

$6 + 3 = 7 + 2 = 9$

$4+5=1+8=9$

$8+1=2+7=9$

$1+?=5+4=9$

그러므로 ?=8

7-5 E

■	▲	+	✳	●
+	✳	●	■	▲
●	■	▲	+	✳
▲	+	✳	●	■
✳	●	■	▲	+

7-6 D

4행 C열에 있는 1R에서 시작한다.

1R → 3U → 2L → 4D → 1U → 1U → 3D → 1R → 4U → 3D → 1R → 2U → 3L → 2D → 1U → 4R → 2D → 5U → 2D → 1R → 3L → 2U → 6D → 2L → 1R → 5U → 2R → 2R → 4D → 1U → 1L → 2D → 5U → 4L → 4D → 3R → 1D → 2R → 3U → 3U → 5L → F

7-7 D

왼쪽 아래에 세로선이 있는 마름모 두 개가 있는 것을 기준으로 도형들이 거꾸로 나타난다.

7-8 A

첫 번째 열 84224를 거꾸로 뒤집으면 42248이 되고,
두 번째 열 91122를 거꾸로 뒤집으면 22119가 된다.
그리고 42248−22119=20129가 된다.
20129를 거꾸로 뒤집으면 92102가 된다.
그러므로 ?=9

7-9 B

7-10 D

사각형이 완성되면 1행과 1열, 2행과 2열, 3행과 3열, 4행과 4열,
5행과 5열이 같은 숫자 조합이다.

7-11 C

99+0+0+0+0=99
54+45+0+0+0=99
54+33+12+0+0=99
54+12+11+11+11=99
45+19+12+12+11=99
33+33+33+0+0=99
33+33+11+11+11=99

7-12 C

각 칸에 들어 있는 기호 종류와 개수가 동일하다.

7-13 F

7-14 A

중앙에 있는 3을 포함하여 직선으로 연결되는 다섯 숫자의 합이
동일하게 22이다.

5+8+3+4+2=22

9+2+3+3+5=22

7+4+3+6+2=22

6+1+3+?+6=22

그러므로 ?=6

7-15 E

$(28-4)\div8\times21-5=58$

7-16 D

7-17 E

나열된 삼각형 안에 있는 숫자들은 위치에 따라 다음과 같이 나열
된다.

$6\rightarrow12\rightarrow24\rightarrow48\rightarrow96$

$6 \times 2 = 12$

$12 \times 2 = 24$

$24 \times 2 = 48$

$48 \times 2 = 96$

$11 \rightarrow 15 \rightarrow 19 \rightarrow 23 \rightarrow 27$

$11 + 4 = 15$

$15 + 4 = 19$

$19 + 4 = 23$

$23 + 4 = 27$

$19 \rightarrow 16 \rightarrow 13 \rightarrow 10 \rightarrow 7$

$19 - 3 = 16$

$16 - 3 = 13$

$13 - 3 = 10$

$10 - 3 = 7$

7-18 D

1시 방향에서 시작해서 시계 방향으로 한 획씩 증가하여 기호를
완성한다.

7-19 E

11	12	13	0	9
8	13	13	11	0
11	13	9	9	3
6	7	9	1	22
9	0	1	24	11

7-20 A

9시 방향에 있는 작은 2a에서 시작한다.

2a → 2a → 1a → 4c → 1o → 3a → 1a → 3a → 3a → 1i → 3a → 1o → 4a → 3c → 1i → 1i → F

7-21 C

$\phi=6$ $\gamma=7$ $\eta=8$ $\tau=20$

6+6+6+7=?

7+7+7+8=29

20+20+20+8=68

6+7+20+8=41

7+8+8+7=30

그러므로 ?=25

7-22 E

사각형이 완성되면 1행과 1열, 2행과 2열, 3행과 3열, 4행과 4열, 5행과 5열이 같은 도형 조합이다.

7-23 D

7-24 C

♣=1   ♥=8   ♦=11

8(♥)×5+1(♣)×4=11(♦)×4=44

7-25 E

8+8+9+?+8=45

그러므로 ?=12

7-26 A

각 열에서 첫 번째 행의 수에 두 번째 행의 수를 곱한 다음 세 번째 행의 수를 빼면 네 번째 행의 수가 된다.

$4 \times 2 - 7 = 1$

$1 \times 9 - 5 = 4$

$3 \times 5 - 8 = 7$

$2 \times 7 - 6 = ?$

그러므로 ?=8

7-27 D

$(9 \times 4 - 2) \div 17 + 16 = 18$

7-28 F

7-29 F

왼쪽과 오른쪽 글자를 알파벳 순서에 따라 숫자로 바꾼 다음 또다시 순서를 바꾸면 된다.

A	B	C	D	E	F	G	H	I	J	K	L	M	N	O	P	Q	R	S	T	U	V	W	X	Y	Z
1	2	3	4	5	6	7	8	9	10	11	12	13	14	15	16	17	18	19	20	21	22	23	24	25	26

7-30 C

시침은 2씩 뒤로 이동하고 분침은 15씩 앞으로 움직인다.

그러므로 10시 45분을 가리키는 시계가 답이다.

시침 : $8 \rightarrow 6 \rightarrow 4 \rightarrow 2 \rightarrow 12 \rightarrow 10$

분침 : $30 \rightarrow 45 \rightarrow 0 \rightarrow 15 \rightarrow 30 \rightarrow 45$

TEST 7 IQ 측정

이번 테스트에서 맞힌 문제 개수로 나의 IQ를 알아볼 수 있습니다.

맞힌 문제 개수	IQ 지수	백분율
30	161	99
29	160	99
28	157	99
27	155	99
26	154	98
25	152	98
24	150	98
23*	148*	98*
22	143	97
21	140	96
20	138	95
19	136	94
18	134	93
17	132	92
16	131	91
15	130	90
14	125	85
13	122	80
12	117	75
11	115	70
10	112	65
9	108	60
8	105	55
7	100	50
6	95	45
5	90	40

23개 이상의 문항을 맞혀서 IQ 지수 148, 백분율 98% 이상이 되면 멘사 수준이 됩니다. 멘사코리아에 가입을 위한 시험에 대해 문의해보세요.

8-1 D

대각선으로 마주 보고 있는 두 숫자의 합이 같다.

1+5=3+3

6+2=1+7

4+2=2+4

1+7=2+?

그러므로 ?=6

8-2 C

5	2	4	3	1
3	1	5	2	4
2	4	3	1	5
1	5	2	4	3
4	3	1	5	2

8-3 E

3 → 5 ↓ 1 ← 4 = 13

3 ↑ 1 → 5 → 4 = 13

3 ↑ 1 ↑ 4 → 5 = 13

3 ↑ 1 ↑ 4 ↑ 5 = 13

3 ↑ 1 ↑ 4 ← 5 = 13

3 ← 1 ↓ 4 ↓ 5 = 13

$3\downarrow 4\rightarrow 1\uparrow 5=13$

F

첫 번째 행의 수를 거꾸로 적으면 18459가 되고,
두 번째 행의 수를 거꾸로 적으면 13698이 된다.
이 두 수를 더하면 18459+13698=32157이 된다.
32157을 거꾸로 하면 세 번째 행의 수가 된다.
그러므로 ?=1

C

4시 반 방향에 있는 안쪽 2a에서 시작된다.

$2a\rightarrow 3a\rightarrow 2a\rightarrow 1o\rightarrow 2c\rightarrow 1a\rightarrow 1i\rightarrow 2c\rightarrow 1o\rightarrow 1c\rightarrow 3c\rightarrow$
$2a\rightarrow 1c\rightarrow 1i\rightarrow 2a\rightarrow 1i\rightarrow F$

C

흰색 도형 → 검은색 도형이 대각선 건너로 이동 → 흑백 도형이
가운데로 이동 → 흑백 도형이 좌우로 멀어짐 → 흑백 도형이 대
각선 끝으로 이동
도형은 원형 → 사각형 → 삼각형 → 마이너스 → 마름모 순서로
변한다.

A

숫자는 해당 알파벳의 순서를 거꾸로 매긴 것에 해당한다.

A	B	C	D	E	F	G	H	I	J	K	L	M	N	O	P	Q	R	S	T	U	V	W	X	Y	Z
26	25	24	23	22	21	20	19	18	17	16	15	14	13	12	11	10	9	8	7	6	5	4	3	2	1

8-8 D

시침은 네 시간씩 뒤로 가고, 분침은 25분씩 뒤로 간다.

그러므로 11시 5분을 가리키는 시계가 답이다.

시침 : 7 → 3 → 11 → 7 → 3 → 11

분침 : 0 → 25 → 50 → 15 → 40 → 5

8-9 C

$(A+B) \div C = D$

$(7+5) \div 3 = 4$

$(9+7) \div 2 = 8$

$(6+8) \div 7 = 2$

$(4+5) \div 3 = ?$

그러므로 ? = 3

8-10 F

$\phi = 10$

$\Psi = 25$

$\eta = 8$

$\tau = 20$

$20 + 25 + 8 + 10 = 63$

$20 + 10 + 20 + 8 = 58$

$25 + 8 + 20 + 10 = 63$

$8 + 25 + 20 + 8 = 61$

$8 + 10 + 8 + 8 = ?$

그러므로 ? = 34

8-11 B

$2 \uparrow 6 \uparrow 5 \uparrow 8 \rightarrow 8 \uparrow 9 \rightarrow 4 \rightarrow 7 \rightarrow 7 = 56$

8-12 E

♣=7   ♥=5   ◆=9

7+(5×4)=9×3=27

5+9=7×2=14

(7×3)+(5×3)=9(◆)×4=36

8-13 E

V=22

B=2

N=14

H=8

22+22+2+14=60

8+8+14+2=32

14+8+22+22=66

22+8+2+8=40

2+14+14+22=?

그러므로 ?=52

8-14 D

5행 C열에 있는 1R에서 시작된다.

1R → 2L → 3R → 1D → 2U → 2L → 1U → 1L → 3D → 2U
→ 1L → 3R → 2R → 1U → 1L → 4L → 3D → 5R → 2L → 4U
→ 2R → 3L → 4D → 5U → 2L → 3R → 2D → 4D → 2L → 1R
→ 2L → 5R → 2U → 5L → 3U → 1R → 1U → 4R → 1L → 6D
→ 5U → F

8-15 E

8-16 ▸ B

8-17 ▸ A

$-5\uparrow6\rightarrow9\rightarrow5\uparrow7\rightarrow8\uparrow5\rightarrow6\uparrow7=48$

8-18 ▸ E

도형이 세 번 커졌다. 세 번 작아졌다를 반복한다.

X 표시가 없는 것, X 표시가 있는 것, 가운데가 가려진 모래시계,
가려지지 않은 모래시계가
여섯 번 반복된다.

6개의 흰색, 12개의 검은 색, 다시 6개의 흰색 도형이 반복된다.

8-19 ▸ C

각 조각 안에서 숫자와 알파벳 문자가 방향이 교차된다.

알파벳 문자는 순서에 따라 숫자로 변환되어서 위쪽 반원 숫자
8개를 모두 더한 값과 아래쪽 반원 숫자 8개를 모두 더한 값이
같다.

2+12(L)+6(F)+7+1+11(K)+2(B)+9=50

3+7(F)+3(C)+6+6+10(J)+9(I)+6=50

A	B	C	D	E	F	G	H	I	J	K	L	M	N	O	P	Q	R	S	T	U	V	W	X	Y	Z
1	2	3	4	5	6	7	8	9	10	11	12	13	14	15	16	17	18	19	20	21	22	23	24	25	26

8-20 ▸ E

D2와 A3 상자 안에 있는 기호와 숫자의 구성이 같다.

3이 둘, ▲가 둘, C가 하나, ■이 하나다.

8-21 C

사각형이 완성되면 1행과 1열, 2행과 2열, 3행과 3열, 4행과 4열, 5행과 5열이 같은 숫자 조합이다.

8-22 D

양쪽 알파벳을 순서대로 숫자로 변환한 다음 두 수의 차이를 계산한다.

23(W) − 19(S)=4
10(J) − 4(D)=6
15(O) − 12(L)=3
18(R) − 8(H)=10
22(V) − 11(K)=?
그러므로 ?=11

A	B	C	D	E	F	G	H	I	J	K	L	M	N	O	P	Q	R	S	T	U	V	W	X	Y	Z
1	2	3	4	5	6	7	8	9	10	11	12	13	14	15	16	17	18	19	20	21	22	23	24	25	26

8-23 D

6시 방향에 있는 3a에서 시작된다.

3a → 4c → 5a → 1o → 2c → 1i → 3a → 1o → 2c → 2c → 1i → 5a → 1o → 6c → 7a → 2i → F

8-24 A

2시 30분을 가리키는 시계가 답이다.
시침 : 12 → 2 → 12 → 2 → 12 → 2가 반복해서 나타난다.
분침 : 45 → 40 → 30 → 15 → 55 → 30으로 5분, 10분, 15분, 20분, 25분 뒤로 간다.

B

$2 \rightarrow 8 \uparrow 13 \rightarrow 16 = 39$

$2 \rightarrow 8 \uparrow 13 \leftarrow 16 = 39$

$2 \rightarrow 8 \downarrow 16 \leftarrow 13 = 39$

$2 \uparrow 16 \rightarrow 13 \uparrow 8 = 39$

$2 \uparrow 16 \rightarrow 13 \downarrow 8 = 39$

$2 \uparrow 16 \uparrow 13 \rightarrow 8 = 39$

$2 \leftarrow 13 \leftarrow 8 \leftarrow 16 = 39$

$2 \downarrow 13 \downarrow 8 \rightarrow 16 = 39$

$2 \downarrow 13 \downarrow 8 \leftarrow 16 = 39$

$2 \downarrow 13 \rightarrow 16 \uparrow 8 = 39$

D

♣ $=6$ ♥ $=9$ ♦ $=10$

$(6 \times 2) + (9 \times 2) = 10 \times 3 = 30$

$6 + (6 \times 9) = 10 \times 6 = 60$

$(9 \times 2) + (7 \times 6) = 10(♦) \times 6 = 60$

A

위에서부터 아래로, 왼쪽에서 오른쪽으로 순서가 정해져 있다.
육각형 별이 획 하나씩 그어져 완성되고, 끝나면 다시 시작하는데
순서는 시계 반대 방향과 시계 방향이 교차된다. 비어 있는 곳은
시계 방향으로 다섯 개의 획이 그어진 모양이다.

F

안쪽 원들의 수에 정중앙에 있는 2를 곱하면 바깥쪽 원의 수들이
나온다.

$2 \times 3 = 6$

$2 \times 4 = 8$

$2 \times 2 = 4$

$2 \times 1 = 2$

$2 \times 3 = 6$

$2 \times 0 = ?$

그러므로 ? = 0

8-29 D

왼쪽 꼭짓점에 있는 수들은 $17 \rightarrow 12 \rightarrow 8 \rightarrow 5 \rightarrow 3$으로 줄어든다. 줄어드는 수가 5, 4, 3, 2로 하나씩 더 줄어든다.

오른쪽 꼭짓점에 있는 수들은 $3 \rightarrow 6 \rightarrow 10 \rightarrow 15 \rightarrow 21$로 늘어난다. 늘어나는 수가 3, 4, 5, 6으로 하나씩 더 늘어난다.

위쪽 꼭짓점에 있는 수는 나머지 두 수의 합이다.

$17 + 3 = 20$

$12 + 6 = 19$

$8 + 10 = 18$

$5 + 15 + 20$

$3 + 21 = 24$

8-30 C

$(53 - 35 - 2) \times 4 \div 16 = 4$

TEST 8 IQ 측정

이번 테스트에서 맞힌 문제 개수로 나의 IQ를 알아볼 수 있습니다.

맞힌 문제 개수	IQ 지수	백분율
30	161	99
29	160	99
28	157	99
27	155	99
26	154	98
25	152	98
24	150	98
23*	148*	98*
22	143	97
21	140	96
20	138	95
19	136	94
18	134	93
17	132	92
16	131	91
15	130	90
14	125	85
13	122	80
12	117	75
11	115	70
10	112	65
9	108	60
8	105	55
7	100	50
6	95	45
5	90	40

23개 이상의 문항을 맞혀서 IQ 지수 148, 백분율 98% 이상이 되면 멘사 수준이 됩니다. 멘사코리아에 가입을 위한 시험에 대해 문의해보세요.

'지식'이 아닌 '지적 잠재능력'을
측정하는 것이 지능검사

지능검사는 그 사람에게 있는 '지식'을 측정하는 것이 아니다. 지식을 측정하는 것이라면 지능검사가 학교 시험과 다를 바가 없을 것이다. 지능검사는 '지적 능력'을 평가하는 것이다. 지적 능력이란 무엇일까? 기억력(암기력), 계산력, 추리력, 이해력, 언어 능력 등이 모두 지적 능력이다. 지능검사가 측정하려는 것은 실제로는 '지적 능력'이라기보다 '지적 잠재능력'일 것이다.

유명한 지능검사로는 앞서 이야기했던 스탠퍼드-비네 검사 외에도 '웩슬러 검사' '레이븐스 매트릭스'가 있다. 웩슬러 검사는 학교에서 많이 사용하는 것으로 나라별로 개발되어 있으며, 언어 영역과 비언어 영역을 나누어서 측정하도록 되어 있다. 레이븐스 매트릭스는 도형으로만 되어 있는 다지선다식 지필검사인데, 문화나 언어 차이가 없어 국가 간 지능 비교 연구에서 많이 사용되었다. 이외에도 지능검사는 수백 가지가 넘게 존재한다.

지능검사가 과연 객관적인지를 알아보기 위해 결과를 서로 비교하는 연구도 있다. 지능검사들 사이의 연관계수는 0.8 정도이다. 두 가지 지능검사 결과가 동일하게 나온다면 연관계수는 1이 될 것이고, 전혀 상관없이 나온다면 0이 된다. 0.8 이상의 연관계수가 나온다면 비교적 객관적인 검사로 본다. 웩슬러 검사는 표준 편차 15를 사용하고, 레이븐스 매트릭스는 24를 사용한다. 그래서 웩슬러 검사로 130은 레이븐스 매트릭스 검사의 148과 같은 지수이다. 멘사의 입회 기준은 상위 2%이고, 따라서 레이븐스 매트릭스로 148이며, 웩슬러 검사로 130이 기준이다. 학교에서 평가한 지능지수가 130이었다면, 멘사 시험에 도전해볼 만하다.

출처: 지형범, 〈영재에 관한 보고서〉 중에서

멘사코리아

주소: 서울시 서초구 효령로12, 301호

전화: 02-6341-3177

—

멘사 아이큐 테스트
IQ 148을 위한

1판 1쇄 펴낸날 2017년 10월 20일
1판 5쇄 펴낸날 2023년 8월 25일

지은이 | 해럴드 게일, 캐럴린 스키트
옮긴이 | 지형범

펴낸이 | 박윤태
펴낸곳 | 보누스
등 록 | 2001년 8월 17일 제313-2002-179호
주 소 | 서울시 마포구 동교로12안길 31 보누스 4층
전 화 | 02-333-3114
팩 스 | 02-3143-3254
이메일 | bonus@bonusbook.co.kr

ISBN 978-89-6494-324-3 04410

＊이 책은《멘사 아이큐 테스트》의 개정판입니다.

• 책값은 뒤표지에 있습니다.

멘사 논리 퍼즐
필립 카터 외 지음 | 250면

멘사 문제해결력 퍼즐
존 브렘너 지음 | 272면

멘사 사고력 퍼즐
켄 러셀 외 지음 | 240면

멘사 사고력 퍼즐 프리미어
존 브렘너 외 지음 | 228면

멘사 수학 퍼즐
해럴드 게일 지음 | 272면

멘사 수학 퍼즐 디스커버리
데이브 채턴 외 지음 | 224면

멘사 시각 퍼즐
존 브렘너 외 지음 | 248면

멘사 아이큐 테스트
해럴드 게일 외 지음 | 260면

멘사 아이큐 테스트 실전편
조세핀 풀턴 지음 | 344면

멘사 추리 퍼즐 1
데이브 채턴 외 지음 | 212면

멘사 추리 퍼즐 2
폴 슬론 외 지음 | 244면

멘사 추리 퍼즐 3
폴 슬론 외 지음 | 212면

멘사 추리 퍼즐 4
폴 슬론 외 지음 | 212면

멘사 탐구력 퍼즐
로버트 앨런 지음 | 252면